人人都是设计师

设计基础+Midjourney+ChatGPT

乐章◎著

人民邮电出版社

北京

图书在版编目（CIP）数据

人人都是设计师 ： 设计基础+Midjourney+ChatGPT /
乐章著. -- 北京 ： 人民邮电出版社，2023.10
ISBN 978-7-115-62358-4

Ⅰ．①人… Ⅱ．①乐… Ⅲ．①图像处理软件 Ⅳ.
①TP391.413

中国国家版本馆CIP数据核字(2023)第136640号

内 容 提 要

理解设计的基本原则和概念，了解设计规范，具备一定的审美能力，会使用人工智能驱动的工具Midjourney 和 ChatGPT， 那么，人人都可以成为设计师，都可以设计出满足商业需求的作品。

本书共 7 章。第 1 章讲设计基础与版式构图，分别介绍色彩设计基础、版式设计，以及字体与版式的结合。第 2 章至第 5 章详细介绍 Midjourney 这一工具，从如何登录，到使用提示词生成图像，再到探索提示词与生成图像主题风格的关系，最后介绍 Midjourney 的高级玩法，满足设计师对设计细节的需求。第 6 章讨论了另一款人工智能驱动的工具 ChatGPT 与 Midjourney 在未来如何搭配使用，引发读者思考。最后一章选取了设计领域中常见的设计需求，涵盖商品促销、商业设计、品牌设计、IP 潮玩、插画设计、界面交互设计、工业设计、空间设计和艺术摄影，由此凝练出附录的提示词大全，设计师可以根据设计需要替换提示词，这为读者的 Midjourney 之旅提供了参考和思路。

本书适合有设计需求，但是又没有办法雇用专业设计师的个人或团队，以及想要利用人工智能提高设计效率的设计师阅读参考。

◆ 著　　　　乐　章

　　责任编辑　张天怡

　　责任印制　陈　犇

◆ 人民邮电出版社出版发行　　北京市丰台区成寿寺路 11 号

　　邮编　100164　电子邮件　315@ptpress.com.cn

　　网址　https://www.ptpress.com.cn

　　雅迪云印（天津）科技有限公司印刷

◆ 开本：787×1092　1/16

　　印张：11.5　　　　　　　2023 年 10 月第 1 版

　　字数：293 千字　　　　　2023 年 10 月天津第 1 次印刷

定价：69.80 元

读者服务热线：(010)81055410　印装质量热线：(010)81055316
反盗版热线：(010)81055315
广告经营许可证：京东市监广登字 20170147 号

欢迎来到《人人都是设计师》！

很多人没有设计专业的学习经历，没有设计背景，没有设计经验，但是具有强烈且明确的设计需求，本书就是为这些人而写。

本书旨在帮助设计师、设计爱好者利用人工智能生成内容（Artificial Intelligence Generated Content, AIGC）的强大能力，创造出令人惊叹的设计作品。AIGC 正在改变设计领域的面貌，为创意表达和用户体验带来新的可能性。

以上图像均由 AIGC 工具生成

在这个信息爆炸和数字化时代，设计师面临着前所未有的挑战和机遇。我们的用户期望获得个性化、定制化的体验，而传统的设计方法已经难以满足这种需求。在这个背景下，AIGC 作为一款强有力的工具，可帮助我们以创新的方式解决设计问题，并开拓前所未有的设计领域。

AIGC 不仅仅是一个技术，还代表了设计和人工智能的交叉点，它结合了机器学习、自然语言处理、计算机视觉等领域的技术，使机器能够像人类一样理解和生成创造性的内容。通过 AIGC，我们可以实现自动化的设计任务、个性化的用户体验、创意的增强和设计过程的优化。

然而，AIGC 也带来了一些挑战。设计师需要了解如何与 AIGC 进行有效协作，如何设计合适的提示词、引导和约束，以确保生成的内容符合设计目标和用户期望。同时，我们也需要关注 AIGC 的道德和伦理问题，确保它被正确使用，并避免产生负面影响。

在本书中，我将深入讲解 AIGC 的设计原则、方法和最佳实践；将介绍提示词的设计方法，引导模型生成期望的内容；将阐述评估和优化提示词的方法，以改进生成结果的质量和获得多样性的结果；将分享多个实际案例，展示 AIGC 在不同设计领域的应用。

我希望通过本书，能够帮助你在设计中充分发挥 AIGC 的潜力，并创造出引人注目的作品。不管你是一名设计师、研究人员还是对 AIGC 感兴趣的读者，我相信本书都将为你提供宝贵的指导和启示，帮助你在这个充满创新和变革的时代中脱颖而出。

让我们一同踏上 AIGC 的设计之旅吧！

乐章

2023 年 8 月

资源获取

本书提供如下资源：

● 本书第 7 章神奇咒语原文电子文件；

● 本书思维导图；

● 异步社区 7 天 VIP 会员。

要获得以上资源，您可以扫描下方二维码，根据指引领取。

提交勘误

作者和编辑尽最大努力来确保书中内容的准确性，但难免会存在疏漏。欢迎您将发现的问题反馈给我们，帮助我们提升图书的质量。

当您发现错误时，请登录异步社区（https://www.epubit.com/），按书名搜索，进入本书页面，点击"发表勘误"，输入勘误信息，点击"提交勘误"按钮即可（见下图）。本书的作者和编辑会对您提交的勘误进行审核，确认并接受后，您将获赠异步社区的 100 积分。积分可用于在异步社区兑换优惠券、样书或奖品。

与我们联系

我们的联系邮箱是 contact@epubit.com.cn。

如果您对本书有任何疑问或建议，请您发邮件给我们，并请在邮件标题中注明本书书名，以便我们更高效地做出反馈。

如果您有兴趣出版图书、录制教学视频，或者参与图书翻译、技术审校等工作，可以发邮件给我们。

如果您所在的学校、培训机构或企业，想批量购买本书或异步社区出版的其他图书，也可以发邮件给我们。

如果您在网上发现有针对异步社区出品图书的各种形式的盗版行为，包括对图书全部或部分内容的非授权传播，请您将怀疑有侵权行为的链接发邮件给我们。您的这一举动是对作者权益的保护，也是我们持续为您提供有价值的内容的动力之源。

关于异步社区和异步图书

"异步社区"（www.epubit.com）是由人民邮电出版社创办的 IT 专业图书社区，于 2015 年 8 月上线运营，致力于优质内容的出版和分享，为读者提供高品质的学习内容，为作译者提供专业的出版服务，实现作者与读者在线交流互动，以及传统出版与数字出版的融合发展。

"异步图书"是异步社区策划出版的精品 IT 图书的品牌，依托于人民邮电出版社在计算机图书领域 30 余年的发展与积淀。异步图书面向 IT 行业以及各行业使用 IT 技术的用户。

CONTENTS
目录

第1章 设计基础与版式构图

1.1 色彩设计基础 / 010

1.2 版式设计 / 015

1.3 字体与版式的结合 / 019

第2章 初识 AIGC 利器——Midjourney

2.1 Midjourney 是什么 / 024

2.2 如何使用 Midjourney / 024

2.3 Midjourney 是免费的吗 / 027

2.4 Midjourney 模型版本 / 028

第3章 如何使用 Midjourney 生成图像

3.1 什么是提示词 / 031

3.2 Midjourney 的参数 / 035

3.3 Midjourney 生成结果的获取与调整 / 039

3.4 Midjourney 命令列表 / 040

3.5 /blend（图生图）模式详解 / 040

3.6 /describe（图生文）模式详解 / 041

3.7 Remix（混合）模式详解 / 043

Midjourney 生成主题风格探索

4.1 人物照片 / 046

4.2 UI/UX 设计 / 048

4.3 插画风格 / 048

4.4 二次元动漫 / 050

4.5 建筑设计 / 051

4.6 3D 设计 / 053

4.7 品牌 Logo 设计 / 053

4.8 图案 / 055

Midjourney 高级玩法实操

5.1 控制生成图像中主体的大小 / 058

5.2 控制生成图像中主体的角度 / 060

5.3 控制生成图像中主体的高度 / 062

双剑合璧 ChatGPT+Midjourney

6.1 ChatGPT 是什么 / 066

6.2 ChatGPT 在设计领域的应用 / 067

6.3 ChatGPT 配合 Midjourney 完成创作实操案例 / 068

第 7 章 Midjourney 神奇咒语宝典

商品促销：潮流饮品 / 072

商业设计：产品宣传 / 074

商业设计：业务展示 / 086

商业设计：产品展示 / 088

商业设计：节日主题 / 100

商业设计：节气主题 / 106

品牌设计：视觉 Logo / 108

品牌设计：字体设计 / 114

品牌设计：产品包装 / 116

IP 潮玩：IP 角色设计 / 122

IP 潮玩：玩具设计 / 132

插画设计：3D 插画 / 134

插画设计：社交媒体 / 140

插画设计：艺术插画 / 142

插画设计：国潮插画 / 150

插画设计：动漫插画 / 152

界面交互设计：游戏设计 / 154

界面交互设计：UI/UX 设计 / 156

工业设计：产品设计 / 160

空间设计：建筑设计 / 172

空间设计：商业空间 / 176

艺术摄影：数字后期合成 / 178

艺术摄影：人像摄影 / 180

附录　Midjourney 提示词大全 / 182

第 1 章

1

设计基础与
版式构图

在探讨 AIGC 在设计中的应用之前，我们首先要强调设计基础的重要性。设计基础是我们与 AIGC 合作的基础，无论使用何种技术和工具，我们都需要运用设计基础的原则与知识来指导和衡量生成的内容。它使我们能够准确地引导 AIGC 生成符合设计要求的内容，而不是完全依赖机器的判断。

想象一下，如果我们没有了解色彩理论、构图原则和比例规律，我们设计的作品可能会显得杂乱无章，无法吸引他人的眼球。只有在深刻理解设计基础的基本原则和概念的基础上，我们才能更好地运用 AIGC，并确保生成的内容符合设计目标和用户需求。

1.1 色彩设计基础

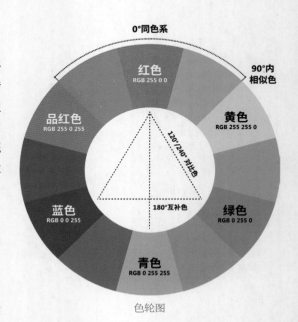

色轮图

RGB 三原色

色彩是设计中至关重要的元素之一，它能够引导观众的情绪和体验，塑造视觉效果，甚至传达特定的信息。作为设计师，掌握色彩基础知识并能够巧妙地运用它们，将使你的作品更具吸引力和表现力。本节将介绍一些色彩基础的重要概念，帮助你掌握运用色彩来传达情感、引导注意力和创造平衡感的技巧。

1.1.1 色彩基础理论

一、色轮和色相

色轮是研究颜色相加混合的一种实验仪器，通过一个色盘展示了所有可见光谱颜色的连续循环。色相指的是色彩所呈现出的相貌，在色盘上以循环的色相环表示，如红、黄、绿、青、蓝等。

二、三原色和色料三原色

色盘上的红、绿、蓝色，被称为三原色（RGB），它们的组合可以产生其他颜色。另外，色彩模型中还有一组基本颜色，称为色料三原色（CMYK），包括青、品红、黄和黑。

三、互补色和对比色

互补色是位于色盘上彼此相对的两种颜色，如红和绿、蓝和橙等。对比色是在色彩上形成鲜明对比的两种颜色，如黑和白。

1.1.2 色彩的情感和表达

一、暖色调和冷色调

暖色调（如红、橙、黄）常常被认为是温暖和活泼的，而冷色调（如蓝、绿、紫）则被认为是冷静和安静的。选择适当的色调可以传达特定的情感和氛围。

二、色彩心理学

不同的颜色可以引发观众不同的情绪和反应。了解色彩心理学有助于你选择适合目标受众的色彩方案。

色温图

1 红色

红色是一种引人注目和充满活力的颜色。它有多种文化和象征意义，对它的解释因文化和个人背景而异。红色与火、暴力和战争的联系源于其在自然界中的视觉效果。火焰通常呈现红色，而火焰与破坏力和危险相关联。这种视觉联系也延伸到人们对暴力和战争的想象中，因此红色可以唤起人们紧张、激烈和战斗的感觉。

红色也与爱和激情有关。这种联系可以追溯到古代文化中红色作为情感的象征。红色与热情、欲望和浪漫相关联，它被视为一种强烈和感性的颜色，常被用于表达爱情。

历史上，红色在某些文化中被视为邪恶和恶魔的象征，而在另一些文化中则与爱神丘比特等爱情和欢愉的神明联系在一起。这种对红色截然不同的诠释展示了文化的多样性。比如在中国，红色是繁荣和幸福的象征，人们相信它可以带来好运，新娘会在婚礼当天穿红色。然而，在南非，红色表示哀悼。所以，我们在设计之前需要了解所面向群体的文化背景。

关于红色对人体的影响，一些研究表明，红色可以引起生理和心理反应，红色被认为能够增加血压和呼吸频率，激发身体的活跃性和兴奋感；此外，红色也被认为能够刺激人体的新陈代谢，促进能量消耗。

红色让整个画面显得活力十足

2 绿色

绿色是一种非常活跃和充满生机的颜色。它与大自然、生命力和成长有着紧密的联系。绿色是大自然的主要颜色之一，代表着植被、树木和生态系统。它常被用于表达环境保护和可持续发展的含义。

绿色被视为更新和丰富的象征。它可以代表生活中的变革、增长和繁荣，以及对个人、关系或环境的积极改变。尽管绿色通常与积极的意义相关，但它也被一些文化视为嫉妒或缺乏经验的象征。这种解释可能因文化背景和个人观点而有所不同。

在设计中应用绿色可以产生平衡和协调的效果，它结合了蓝色的冷静感和黄色的活力感。

绿草地和蓝天白云的组合会让人倍感轻松

3 蓝色

蓝色常常与悲伤相关联，因为它能够唤起人们的内省和忧郁的情绪。蓝色也被广泛用于表达冷静。此外，蓝色在许多文化和传统中具有宗教的内涵，比如圣母玛利亚经常被描绘为穿着蓝色长袍。

蓝色也被广泛用于表现责任感和可靠性的场景。它传达了一种稳定和安全的感觉，因此在商业领域常被用于象征专业和可信赖的标志（Logo）中。

蓝色深浅程度不同，则蕴含不同的含义。浅蓝色常常让人

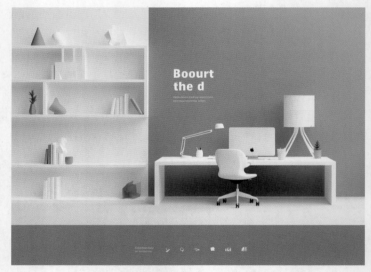

蓝色显得宁静而专业，是商业网站首选颜色

感到放松和平静，它给人清新和宁静的感觉，适用于需要创造轻松氛围或渲染平静心境的设计；深蓝色非常适合强调强度和可靠性的设计，它给人一种稳重和权威的感觉，常被用于企业网站设计中，塑造一种专业和可信赖的形象；而明亮的蓝色给人一种精力充沛和耳目一新的感觉，它能够激发人们的活力和积极的情绪，适用于需要注入活力和提升注意力的设计。

4 中性色

中性色包括黑色、白色、灰色、棕色。它们通常与更明亮的强调色结合使用，但也可以在设计中单独使用。中性色的含义和带给人们的感觉更多地取决于它们周围的颜色。

中性色不但显得高级，而且更方便与其他颜色搭配

1.1.3 色彩的应用技巧

一、色彩搭配

在设计中，选择适当的颜色组合（色彩搭配）非常重要。常见的色彩搭配方法包括类比色（在色盘上相邻的颜色）、互补色（在色盘上相对的两种颜色）、相似色（在色盘上相邻的一组颜色）和分裂互补色（互补色的相邻颜色）。通过巧妙地搭配色彩，你可以创造出丰富多样的视觉效果。

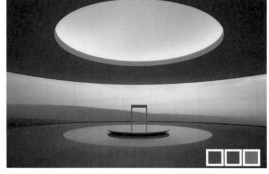

相似色，给人一种整齐有序的感觉

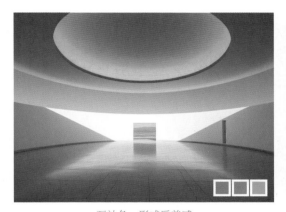

互补色，形成反差感

红色明暗对比，让图像看起来整齐又不失活力

二、色彩对比度

对比度是指两种颜色之间的明暗或饱和度的差异程度。高对比度可以产生强烈的视觉效果，而低对比度则会营造柔和与和谐的氛围。在设计中，合理运用色彩对比度可以突出重点和提高可读性。

三、色彩平衡

色彩平衡是指整体色彩的均衡和协调。通过合理分配主导色和辅助色的比例，以及不同颜色的分布，可以实现整体作品的视觉平衡。

色彩会让人产生空间立体感的错觉

色彩在空间中的运用可以影响人们对物体大小、距离和深度的感知。冷色调可以使物体看起来更远、更大，而暖色调则会营造近距离和亲近感。善于利用色彩的空间感可以增强设计的立体感和视觉层次。

常见颜色含义参考下表。

颜色	英文	示例	含义
红色	Red		激情、爱、愤怒
橙色	Orange		能量、快乐、活力
黄色	Yellow		幸福、希望、欺骗
绿色	Green		新生、丰富、自然
蓝色	Blue		冷静、负责、悲伤
紫色	Purple		创造力、皇家、财富
黑色	Black		神秘、优雅、邪恶
灰色	Gray		冷淡、保守、拘谨
白色	White		纯洁、清洁、美德
棕色	Brown		自然、健康、可靠
粉色	Pink		可爱、温馨、娇贵
奶油色	Cream		冷静、优雅、纯洁

1.1.4 色彩工具和资源

一、色彩搭配工具

有许多在线工具和应用程序可帮助你找到适合的色彩组合，如 Adobe Color、Coolors、Paletton 等。这些工具提供了调色盘生成、色彩搭配和预览功能，可以极大地提升你的设计效率。

二、色彩素材库

网络上有许多免费或付费的色彩素材库，如 Unsplash、Shutterstock、站酷海洛等。这些素材库提供了各种各样的高质量照片、插图和设计资源，可以为你的项目提供灵感和参考。

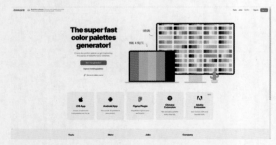

Coolors 提供了很多色彩搭配方案

站酷海洛创意图资源

使用专业的设计软件（如 Photoshop、Illustrator、即时设计、Figma 等）可以更灵活地设计和调整色彩。掌握这些工具的基本操作方法和调色功能将帮助你实现想象中的色彩效果。

即时设计是一款优秀的国产在线设计工具

1.2 版式设计

一、版式设计的重要性

版式设计是指在平面设计中，将文字、图像和其他元素有机地组合在一起，创造出视觉上统一、整洁且有吸引力的布局。版式设计在信息传达、引起注意、提高可读性、增强视觉吸引力和保持品牌一致性等方面具有重要的作用。

1 信息传达

版式设计通过合理组织文字和图像，使得信息能够清晰、准确地传达给观众。合理的排版结构和明确的信息层次可以帮助观众更容易地获取所需信息，避免出现信息混乱或难以理解的情况。

2 引起注意

良好的版式设计可以吸引观众的眼球，使设计作品在竞争激烈的环境中脱颖而出。通过运用合适的颜色、字体、对比度和视觉重点等元素，设计师可以吸引观众的注意力，并引导他们关注重要的信息和主题。

3 提高可读性

版式设计在提高可读性方面起着关键作用。合适的字体、字号、行间距、段落结构和对齐方式等都能够提高文字的可读性。良好的版式设计可以使文本易于阅读，减少眼睛疲劳，提供更好的阅读体验。

④ 增强视觉吸引力

版式设计可以通过创造美学上的平衡、协调和和谐，增强设计作品的视觉吸引力。通过运用空白空间、比例、对称性或不对称性等设计原则，设计师可以营造出视觉上平衡、令人愉悦，以及吸引人的版面布局。

⑤ 保持品牌一致性

对于企业来说，版式设计是保持自己品牌一致性和树立品牌形象的重要工具。通过在各种设计材料和媒体上使用一致的版式设计元素，如 Logo、颜色、字体和排版风格，品牌的可识别性和差异化可以得到加强。

二、几种常见的构图法则和元素

构图法则是指在平面设计和摄影中，用于组织元素、创造平衡感和引导观众视觉注意的规则与原则。以下是几种常见的构图法则和元素。

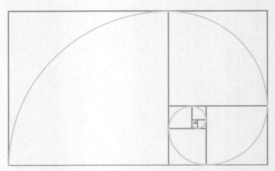

① 黄金分割法

黄金分割法是最经典的构图法则之一。它将画面分为按比例划分的两个部分（通常是 0.618：1），通过将主要元素放置在黄金分割线或交叉点上，实现画面的平衡和增强视觉吸引力。

黄金分割比例图——斐波那契螺旋线

使用黄金分割法进行构图、排版

2 对称构图法和平衡构图法

　　对称构图法是指通过将元素在画面中左右对称地排列来实现平衡。对称构图可以传达稳定、均衡和秩序感。而平衡构图法则是通过在画面中合理分配元素的大小、颜色和形状，实现整体视觉的平衡和和谐。

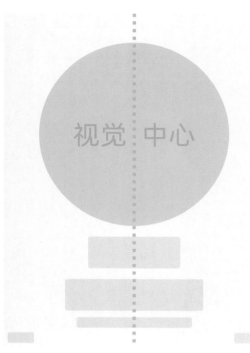

左右对称是最常见的设计方法之一，具有平衡感和呼应性

3 斜线和对角线

　　斜线和对角线可以增加动态感和视觉流动性。在构图中使用斜线和对角线可以引导观众的目光，创造出动态的视觉效果。对角线也常用于表现对比和张力。

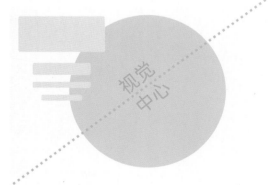

对角线和斜线的方式非常适合运动与动感主题的图像排版

4 点、线和形状

　　点、线和形状在构图中起着重要的作用。点可以吸引观众的注意力和突出重点。线可以用于引导观众的目光和创造方向感。形状的大小、样式和排列方式都可以影响画面的整体效果和视觉吸引力。

形状的使用让用户视觉动线更加突出

5 留白

　　留白（也称为负空间）是指画面中没有被填充或占用的空间。合理运用留白可以增强焦点元素的突出性，创造出清晰、简洁和高雅的效果。留白也可以提供视觉呼吸的余地，让观众更好地理解和欣赏画面。

留白设计案例

视觉中心位置

　　这些构图法则和元素可以单独应用，也可以结合使用，具体应根据设计目的和效果需要来选择和运用。熟练掌握这些构图法则和元素可以帮助设计师创造出有力、吸引人和平衡的视觉效果。

1.3 字体与版式的结合

一、字体基本知识

字体是指一组具有相似设计风格和特征的字形集合。了解字体的基本知识对于设计和排版非常重要。

思源黑体　思源宋体　江西拙楷
龚帆字体　斗鱼追光　悠然小楷
阿里数黑　鸿雷行书　仓耳非日

各种中文字体资源

Poppins　AiDeep　FIFA Welcome
After Zero　Lato　GAGALIN　EDIX
GOVER　POTRA　GALGIO　SHINNERS
HANSIEF　PERFOGRAMA　NOSFEROTICA

各种英文字体资源

1 字体分类

字体可以根据其设计风格和特征进行分类。常见的字体分类包括衬线体（如宋体、Times New Roman）、非衬线体（如黑体、Arial、Helvetica）、手写体（如 Brush Script）、装饰体（如 Old English Text）等。每种分类都有其独特的外观和应用特点。

衬线体　Believe in yourself
非衬线体　Believe in yourself

衬线体与非衬线体示例

衬线体棱角分明、古典优雅，适合在长文中使用，阅读起来比较舒服。

非衬线体简洁美观、现代庄重，适用于标语或短句，可提升视觉美感。

2 字重

字重指的是字体中字形的粗细程度。常见的字重包括粗体、常规体（也称为正常体）和细体。不同的字重可以用于强调、区分层次和对比等排版目的。

常规	极细	纤细	细体	中等	粗体	特粗
静	静	静	静	静	静	静
真	真	真	真	真	真	真
A	A	A	A	A	A	A
a	a	a	a	a	a	a

字体在不同字重下的呈现效果

3 字间距和行间距

字间距是指字符之间的水平距离，而行间距是指行与行之间的垂直距离。适当调整字间距和行间距可以影响文字的可读性、排版的整洁性和空气感。

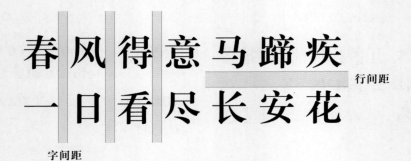

字与字之间的水平距离为字间距，行与行之间的垂直距离为行间距

4 字体获取工具和资源

使用专业的字体软件可以更高效地操作和获取字体。这里给大家推荐一些比较常用的字体获取工具和资源。

字体获取工具：字由、字加、字魂。

字体资源平台：造字工房、方正字库、Google Fonts。

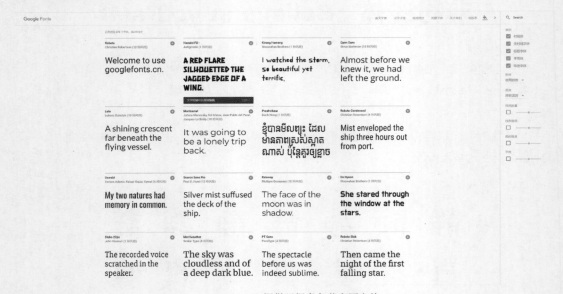

Google Fonts 提供了很多免费商用字体

5 授权和版权

这点特别需要注意，字体是由字体设计师或字体公司创作和拥有的作品，它们受版权保护。在使用字体时，需要获得合法授权，遵守字体的使用条款和许可协议。在没有明确使用字体授权和版权的情况下，在使用字体前请先通过网络搜索字体名称关键字进行授权和版权的再次确认。

在设计中，合理选择和组合中文字体、英文字体，并采用一定的版式，可以创造出独特且有吸引力的视觉效果。以下是几种常见的中文字体、英文字体和版式的结合方式。

1 对比组合

通过选择具有鲜明对比的中文字体和英文字体，可以创造出强烈的视觉对比效果。例如，选择一种方正、传统的中文字体与一种现代、简洁的英文字体进行组合，这种对比组合能够突出每种文字的特点，并营造出独特的视觉冲击力。

中文和英文、古典与现代的混搭别具风味

2 风格统一

在版式设计中，可以选择中文字体和英文字体风格相近或相容的组合。例如，如果选择了一种优雅、细腻的中文字体，可以选择一种有着相似笔画风格或笔画结构的英文字体。这种风格统一的组合能够营造出整体协调和和谐的视觉效果。

相对统一的字体风格会让设计看起来更具秩序感

3 字重对比

字重是指字体中字形的粗细程度。通过选择具有明显字重对比的中文字体和英文字体，可以创造出视觉上的层次感和对比效果。例如，选择一种中文字体的粗体或黑体与一种英文字体的细体进行组合。这种字重对比的组合方式能够突出文字的重要性和视觉上的层次感。

将不同字重的字体进行组合，营造视觉层次感

4 **色彩与空白空间的运用**

　　除了字体的选择和组合，色彩和空白空间的运用也是影响中文字体、英文字体和版式结合效果的重要因素。合理运用色彩对比和空白空间的分配可以增强文字的可读性和视觉冲击力，进一步提升整体版式的效果。

利用空白空间的分配和色彩对比提升视觉高级感

　　在实际应用中，设计师需要根据具体设计项目的需求、品牌形象和目标受众的特点来选择和调整中文字体、英文字体和版式的结合方式。灵活运用不同的组合方法和元素之间的关系，可以创造出独特、有吸引力且与众不同的视觉效果。

2

初识 AIGC 利器
——Midjourney

2.1 Midjourney 是什么

想象一下，一位全球顶尖的艺术家让你触手可及，并能够在几分钟内将你的想法转化为令人惊叹的视觉效果进行呈现，这就是 Midjourney 的魔力。

Midjourney 是一款最新的人工智能程序和工具，可以将提示词（也称提示、关键词，英文为 Prompt）转化为迷人的视觉图像。它由旧金山的独立研究实验室 Midjourney 创建，采用了类似于 OpenAI 的 DALL·E（一款人工智能图像生成器）和稳定扩散的算法，可以快速地将文字转换为图像。

Midjourney 提供了一种简单的方式来释放人工智能的创造力。你只需加入他们的官方 Discord 服务器，向机器人发送消息，使用 /imagine 命令输入提示词即可获得一组令人惊叹的图像。作为一名设计师，这些图像可以激发我的想象力，可以让我更快、更准确地创造出高质量的设计作品。

通过使用 Midjourney，我可以快速地获得设计项目的视觉概念。例如，如果我正在设计一个品牌 Logo，我可以输入提示词或简短的描述来获取一组有关这个品牌的视觉概念。这些图像可以激发我的想象力，帮助我更好地理解品牌的特点和目标受众，以便我可以更准确地表达它们。而且，这些图像也可以用于我的设计过程中，例如作为参考或灵感来源。

另外，Midjourney 的创意和视觉效果可以用于推广和展示设计作品。例如，我可以使用这些图像来制作展示板、社交媒体宣传图或网站页面，从而让我的作品更具吸引力和影响力。同时，我还可以使用这些图像来吸引新客户，并让他们更好地理解我的设计风格和能力。

总之，Midjourney 是一款非常有用和实用的工具，可以帮助设计师更好地表达他们的创意和想法，以及推广和展示他们的设计作品。对于我来说，Midjourney 的创意和便利性是无法替代的，我相信它将成为我日常工作中不可或缺的工具。

有了 Midjourney，艺术的可能性几乎是无限的！

2.2 如何使用 Midjourney

准备好与 Midjourney 一起踏上创意之旅了吗？我们开始吧！

1 登录 / 注册

首先，打开 Midjourney 官方或 Discord 服务器，使用经过验证的 Discord 账户，就可以在 Discord 服务器上顺利运行 Midjourney 了。

2 下载资源

Discord 有计算机 Web 端、客户端、手机 App 端等多个版本，建议下载客户端。

打开 Midjourney 官网，单击屏幕右下角"Sign In"按钮，跳转到 Discord 注册账号界面，按照界面中的提示一步步进行操作。

Midjourney 官网

Discord 注册账号界面

单击"注册"按钮，按照提示填写注册信息，单击"继续"按钮。

稍后在注册邮箱中会收到一封验证邮件，一定要先去验证。

注册账号

验证邮件

3 服务器设置

验证成功后，单击"继续使用 Discord"。完成 Discord 登录后，进入主页，然后单击左上角的"+"号。

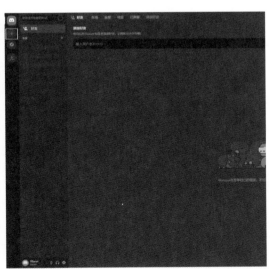

Discord 服务器设置步骤 1

然后在弹出的窗口中选择"亲自创建"选项，下一步选择"仅供我和我的朋友使用"选项。

Discord 服务器设置步骤 2

接下来给自己的服务器起个名字，输入一个服务器名称。

进入第一个蓝色图标的 Discord 服务器，单击"寻找或开始新的对话"。

Discord 服务器设置步骤 3

输入 midjourney bot 并按"Enter"键。

在界面左侧选中 Midjourney Bot 后右击鼠标，在弹出的快捷菜单中选择"个人资料"选项。

Discord 服务器设置步骤 4

单击"添加至服务器"按钮，将"添加至服务器"下拉选项改为刚才建立的服务器后单击"继续"按钮。

Discord 服务器设置步骤 5

经过一步步单击确认，就完成授权了。

最后在界面左侧单击自己刚才建立的服务器的图标。恭喜，你已经解锁无限创造力的大门了！

Discord 服务器设置完成

2.3 Midjourney 是免费的吗

　　Midjourney 并非完全免费，它只提供有限次数的免费使用，另外 Midjourney 提供收费订阅服务，起价为 10 美元 / 月，最高可达 120 美元 / 月，并且需要注意的是，Midjourney 的免费与收费政策随时可能发生变化，具体请参照 Midjourney 官网公布的内容。

当前 Midjourney 收费明细可参考下表。

基本版	标准版（推荐）	专业版	大型版
10 美元 / 月	30 美元 / 月	60 美元 / 月	120 美元 / 月
有限生成数量（200 次 / 月） 一般商业条款 访问会员画廊 可选信用卡充值 3 个并发快速作业	15 小时快速生成 无限生成数量 一般商业条款 访问会员画廊 可选信用卡充值 3 个并发快速作业	30 小时快速生成 无限生成数量 一般商业条款 访问会员画廊 可选信用卡充值 隐藏生成图像 12 个并发快速作业	60 小时快速生成 无限生成数量 一般商业条款 访问会员画廊 可选信用卡充值 隐藏生成图像 12 个并发快速作业

2.4 Midjourney 模型版本

Midjourney 有两大类模型，分别是 MJ version 和 Niji version，MJ version 主打通用型模型，Niji version 主打二次元漫画型模型，并且每一类都有具体的细分版本，比如：

MJ version 1、MJ version 2、MJ version 3、MJ version 4、MJ version 5、MJ version 5.1、MJ version 5.2、Niji version 4、Niji version 5

相同的提示词在 MJ version 模型中和 Niji version 模型中生成图像是有区别的。

A cute cat sleeps on the eaves （一只可爱的猫在屋檐睡觉）
说明：提示词即使没有严格遵循英语语法，Midjourney 也可正常生成图像。

MJ version 5.2

Niji version 5

1 模型版本 MJ version 5.2

该模型是 2023 年 6 月发布的。它可生成更详细、更清晰的图像，以及在颜色搭配、对比度和构图上有很大进步。与之前版本相比，它对提示词的理解也更好一些，并且对整个 --stylize 参数范围的响应更加灵敏。

2 模型版本 MJ version 5.1

该模型是 2023 年 5 月 4 日发布的。它具有很强的审美能力，因而更易于使用简单的文本提示词。它还具有高连贯性，擅长准确解释自然语言提示词，提高了图像清晰度，并支持高级功能，如重复模式：参数 --tile。

3 模型版本 MJ version 5

该模型是 2023 年 3 月 15 日发布的。它生成的图像与提示词非常匹配，但可能需要更长的提示词才能达到想要的结果。

4 模型版本 MJ version 4

该模型是 2022 年 11 月发布的。它具有全新的代码库和全新的人工智能架构，由 Midjourney 设计并在新的 Midjourney 人工智能超级集群上进行训练。与之前的模型相比，此模型对生物、地点和物体的了解都有所增加，这样的改进有助于提供更丰富、准确的回复和支持更广泛的应用场景。

5 模型版本 Niji version 5

Niji 模型是 Midjourney 和 Spellbrush 合作推出的，Niji 模型擅长制作二次元风格的插图，在动态和动作镜头，以及以角色为中心的构图方面表现出色，目前的最高版本为 Niji version 5。

6 选择适合的模型

如果你不知道怎么选择模型的话，可以按照以下规则进行选择。

· 除非一些特殊风格，否则版本越高生成图像质量越好。

· 默认选择 MJ version 最高版本。

· 生成照片类型和风格的艺术插画选择 MJ version 最高版本。

· 生成二次元风格的漫画或插画选择 Niji version 最高版本。

7 如何切换模型

· 在提示词后面使用 --version 参数或 --v 参数指定模型版本，如 --version 5 或 --v 5。

· 输入命令 /settings 并从菜单中选择想要使用的模型版

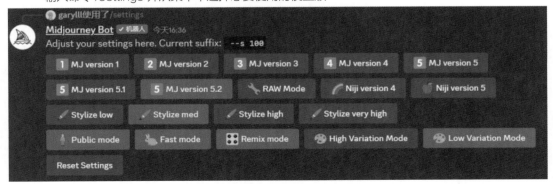

输入命令 /settings 选择模型版本

3

如何使用 Midjourney
生成图像

3.1 什么是提示词

提示词（Prompt）是一种用于引导人工智能生成模型输出的信息。它是一段文字、一句话或一个问题，为模型提供了上下文和方向，以便生成适当的回应或文本。提示词的设计决定了模型生成的内容，因此它在确保生成结果的准确性、连贯性和可控性方面起着关键的作用。

提示词通常是文本短语，我们将其称为神奇咒语，用于指导模型生成特定风格、主题或内容的图像。

在处理提示词时，Midjourney Bot 将其分解为更小的部分，称为标记，标记可以是单词、短语或句子中的一个成分。通过将标记与训练数据进行比较，模型可以理解每个标记的含义及其上下文，并据此生成对应的图像。

制作一个精心设计的提示词对于生成独特而令人兴奋的图像非常重要。一个好的提示词应该具备以下特点。

· **清晰明确**　提示词应该提供明确的指导，以确保模型能够准确理解和执行预期的图像生成任务。

· **描述详细**　提示词应该包含足够的细节和描述，以帮助模型生成所需的图像特征、内容或情景。

· **提供风格指导**　如果需要生成特定风格的图像，提示词可以包含相关的词汇或短语，以引导模型生成符合该风格要求的图像。

· **匹配上下文**　提示词应该与图像生成任务的上下文相匹配，以便模型可以理解所需的图像背景和环境。

· **激发创造力**　精心设计的提示词可以激发模型的创造力，鼓励其生成独特而令人惊喜的图像结果。

Midjourney 生成图像的过程非常简单，3 步即可完成。

（1）在斜杠命令弹出窗口中输入 /imagine prompt。

（2）在字段中输入要创建的图像的描述提示词。

（3）发送消息。

3.1.1 基本提示词

基本提示词可以像单个单词、短语或表情符号一样简单。

1 基本句式：提示词 + 参数

各提示词之间用英文"，"隔开，命令、参数之间必须用空格隔开，比如：

```
/imagine prompt a cute gril --v 5.1
```

稍等片刻，系统会生成 4 张对应的图像，这就是我们说的文生图功能。

文生图

提示词大致由 3 个部分构成：主体描述、环境背景、艺术风格。

提示词构成

常见提示词详细组成类型如下。

主体描述：人物、动物、地点、物体等。

环境背景：室内、室外、月球上、水下等。

艺术风格 —— 媒介：照片、绘画、插图、雕塑、涂鸦等。

艺术风格 —— 照明：柔和、环境、晴天、阴天、霓虹灯、工作室灯等。

艺术风格 —— 颜色：充满活力、明亮、单色、彩色、黑白、柔和等。

艺术风格 —— 情绪：稳重、平静、喧闹、精力充沛、快乐等。

艺术风格 —— 构图：人像、特写、全身、鸟瞰图等。

2 操作举例

我们输入提示词 a cat（一只猫），Midjourney 会生成一只猫的图像，其风格、主体和所处的场景都是随机的。

如果细化提示词为 A cute cat sleeps on the eaves（一只可爱的猫在屋檐睡觉），Midjourney 生成的图像就更加符合我们输入的提示词所描述的场景了。

不同提示词产生的两组图像

接下来继续细化提示词为 A cute cat sleeps on the eaves,illustration（一只可爱的猫在屋檐睡觉，插画风格），来指定生成图像的风格。最终生成的图像风格就是我们指定的插画风格了。

设定图像风格

采用同样的方法还可以生成更多不同风格的图像。

Pencil Sketch（铅笔素描）　　Pixel Art（像素画）

插画风格　　　　　　　　　3D（三维）　　　　Graffiti（涂鸦）

3.1.2 高级提示词

更高级的提示词可以包括一个或多个图像 URL（Uniform Resource Locator，统一资源定位）、多个文本短语，以及一个或多个参数，别忘记在它们之间加上一个空格。

高级提示词示例

1 提示参考图像 URL

为了生成更加准确的图像，可以将参考图像的 URL 添加到提示词的开头。这样，模型将以提供的图像作为参考，并尝试生成与该图像相关的内容。请确保在提示词中正确地包含了图像的 URL，并确保其位于提示词的开头。

2 如何获取图像 URL

在 Discord 对话框中双击"+"号，然后选择上传文件，上传图像。

上传完毕后，单击打开图像，右击鼠标，在弹出的快捷菜单中选择"复制链接"，这样就可以获取到图像 URL 了。

获取图像 URL

3 **操作举例**

　　我们上传一张男孩照片，然后根据这张照片，做出这个男孩的 3D 卡通形象。

　　用刚才介绍的方法上传并获取到图像 URL，然后粘贴图像 URL，输入提示词。

> https：//s.mj.run/xxxPXJE Chinese
> boy,8k,3d style, cartoon character design,
> rich details, soft light, relaxed, OC
> rendering --iw 2

原图

prompt The prompt to imagine

🕐 /imagine　prompt　https://s.mj.run/▇▇▇JE Chinese boy,8k,3d style, cartoon character design, rich details, soft light, relaxed, OC rendering --iw 2

　　其中最后的 --iw 参数指的是提升图像的权重，权重越高，生成的结果和提供的参考照片就越相似，--iw 2 是最高权重。具体的描述和参数详解请见后面章节的内容。

　　接下来就是见证奇迹的时刻。一个 3D 风格的小男孩形象就出来了！

3D 风格的小男孩形象

3.1.3 提示词权重

很多时候我们在使用多个文本短语提示词的时候，需要提升其中的某个短语的权重，让生成的结果更加偏向于那个短语，这个时候我们就可以采用提升提示词权重的方式。

提升提示词权重的方法有两种。

第一种，增加某个短语在整个提示词中出现的频率。

比如输入提示词 girl in pink dress，想要提升 pink（粉色）的权重，需要再次输入该词，让 pink 出现多次，比如：girl in pink dress,pink,pink。

第二种，在需要提升权重的短语后加上双冒号"：："，表示提升权重。

比如输入提示词 hot dog 会生成左下图。

下面，我们提升提示词的权重，在刚才的提示词中添加"：："，修改提示词为 hot：： dog，会生成右下图。

我们可以看到同一个提示词，其中短语权重不一样，生成的图像完全不同。

不同权重提示词生成的效果图

3.2 Midjourney 的参数

3.2.1 参数的作用

调整宽高比放大倍数等参数可以改变生成图像的风格。为了更改这些参数，请将它们添加到提示词的末尾。确保在提示词中准确地指定了所需的参数，并将参数按照正确的格式放置在提示词的最后。

3.2.2 参数列表

参数及其说明如下页表所示。

参数	含义
--aspect 或 --ar	横纵比，可更改图像的横纵比，默认值为 1：1
--chaos 或 --c	混乱，数值区间 [0~100]，默认值为 0。可改变结果的多样性。数值越大越会产生更多不寻常的变化
--no	去掉生成画面中的内容，如 --no cat 会尝试从图像中移除猫
--quality 或 --q	质量，数值为 .25、.5、1、2，默认值为 1。表示画面质量，值越大质量越高
--repeat 或 --r	重复，数值区间 [0~40]。由单个提示词创建多个运行的生成进程
--seed 或 --sameseed	种子，数值区间 [0~4294967295]。使用种子图像的风格再次生成新的图像。种子的编号是每个图像随机生成的，但可以使用 --seed 参数指定使用相同的种子编号将产生相似的图像，如 --seed 2154122
--stop	提前停止，数值区间 [10~100]。可在生成过程中终止作业，如 --stop 90
--tile	重复拼图，可创建具有无缝图案的图像
--s	风格化程度，数值区间 [0~1000]。数值越大，画面表现会越具丰富性和艺术性。/settings 中的 Style low=50、Style med=100、Style high=250、Style very high=750
--iw	图像权重，数值区间 [0~2]。数值越大，表明上传的图像对输出结果的影响越大，如 --iw 2
--v 或 --version	模型版本切换选择

3.2.3 参数应用示例

1 --ar（横纵比）应用示例

不同横纵比的图像的使用场景参考下表。

比例	场景
1：1	默认比例，通常用于社交平台
16：9	通常用于电视与电影
21：9	通常用于电影
3：4	通常用于数码照片，竖版为 4：3
9：16	通常用于手机屏幕
3：2	通常用于单反 / 微单相机照片

输入提示词 a cute cat --ar 3：4 生成如下左图像。

输入提示词 a cute cat --ar 16：9 生成如下右图像。

不同横纵比生成的图像

2 --chaos（混乱）应用示例

输入提示词 oranges owl cat --chaos 0 生成如下左图像。

输入提示词 oranges owl cat --chaos 98 生成如下右图像，数值越大生成结果偏离真实图像越大，越离谱，但有时候可能也需要这样的效果。

不同混乱值生成的图像

3 --no（去掉）应用示例

比如在输入某个提示词后生成如下左图像，图中的男人戴了一副眼镜。

现在我们想去掉眼镜。打开 Remix mode 后，可以在提示词后面加上 --no glasses，再次生成后的图像就没有眼镜了。但是需要注意，Midjourney 每次生成的图像样式都是不同的。

参数 --no 应用示例

4 --seed（种子）应用示例

假设我用以下提示词生成了一组图像。

A cool cat wearing a suit and tie, sun glasses, in the style of lifelike 3d character --ar 3：4

这组图像我很喜欢，所以我想再次使用类似的风格，只是想将西装改成黑色。这个时候就可以在提示词中加入黑色西服提示词，并且在后面加上这组图像的种子值。

获得种子值的方法：在这组图像上右击鼠标，在弹出的快捷菜单中选择"添加反应"，再选中"envelope"。如果没有"envelope"选项，可以在单击"显示更多"后，通过"envelope"关键字进行查找。

随后 Midjourney Bot 就会发一个私信给我，单击左侧栏的 Midjourney Bot 图标阅读私信，找到这组图像，图像信息中的 seed 1966724878 就是种子值。

参数 --seed 应用示例 1

参数 --seed 应用示例 2

然后使用以下提示词并在最后加上 --seed 1966724878 再次生成图像。

A cool cat wearing a black suit and tie, sun glasses, in the style of lifelike 3d character --ar 3 ： 4 --seed 1966724878

这样就生成了穿着黑色西服并且与之前风格类似的图像。

参数 --seed 应用示例 3

3.3 Midjourney 生成结果的获取与调整

除了生成 4 张图像之外，你会发现图像下方还有 9 个按钮，它们的含义如下。

U1、U2、U3、U4：放大所选图像，并添加更多细节。

V1、V2、V3、V4：创建所选图像的细微变化，创建变体会生成与所选图像的整体风格和构图相似的新图像网格。

刷新 ◎：重新运行（重新滚动），单击它将重新运行提示词，生成新的 4 张图像。

单击 U3 放大第 3 张图像，在图像下方会出现几个新的按钮。

Vary（Strong）：以强变化模式创建放大图像的变体并生成 4 张新的图像，这个功能类似 V 按钮。

Vary（Subtle）：以弱变化模式创建放大图像的变体并生成 4 张新的图像，与强变化模式相比，使用这个操作，生成图形变化将会更小。

Vary（Region）：以局部重绘模式创建图像变体并生成 4 张新的图像，提供矩形选区和套索选区工具。

Zoom Out 2x：2 倍扩图功能。在生成主体图像不变的情况下，让画面扩大 2 倍，生成图像将拥有更大场景。

Zoom Out 1.5x：1.5 倍扩图功能。

Custom Zoom：自定义扩图倍率，数值在 1~2 之间。

◀：向左平移扩展图形宽度。

▶：向右平移扩展图形宽度。

▲：向上平移扩展图形宽度。

▼：向下平移扩展图形宽度。

■：收藏图像，这样可以在 Midjourney 网站上轻松找到它。

Web：在 Midjourney 官网上打开图库中的图像。

选择满意的图像，单击图像以全尺寸打开，然后右键单击并选择"保存图片"。Midjourney V5 版本最大可生成图像（图片）大小为 1024 像素 × 1024 像素。

放大第 3 张图像

保存图片

第 3 章　如何使用 Midjourney 生成图像 039

3.4 Midjourney 命令列表

用户可以通过输入命令与 Discord 服务器上的 Midjourney Bot 进行交互。命令用于创建图像、更改默认设置、查看用户信息等。

常见命令如下。

/imagine：最基本的绘画指令，在其后面输入提示词就可以生成图像，也就是我们说的文生图。

/blend：该指令允许用户上传 2~5 张图像，然后将这些图像混合，生成新的图像效果。

/describe：根据用户上传的图像编写 4 个示例提示词，也就是我们说的图生文。

/info：查看基本信息，如订阅状况、工作模式等。

/subscribe：购买会员服务的链接。

/fast：快速模式生成图像，根据会员等级确定。

/help：帮助信息。

/show：结合任务 ID 生成原图像。

/private：私人创作，作品不会放在公开空间，仅专业版支持。

/prefer option set：创建自定义变量。

/prefer suffix：指定每个提示词末尾要添加的后缀。

/prefer option list：列出之前设置的所有变量。

Remix：合成模式。

/shorten：提示词精简模式。

以上大部分命令所完成的工作也可以通过运行 /settings 命令进行可视化操作。

用 /settings 命令进行可视化操作

3.5 /blend（图生图）模式详解

当将图像作为提示词的一部分时，图像可以影响生成作品的构图、风格和颜色。你可以单独使用图像提示，也可以将其与文本提示词结合使用。通过尝试组合不同风格的图像，你可以获得最令人兴奋的结果。通过探索不同的图像和文本提示词组合，你可以获得更多创意和独特的生成结果。

在 /blend 模式下可上传多个图像提示，并将其合称为一张图像。需要注意的是，图像提示位于文本提示词的前面。提示必须有两张图像或一张图像和附加文本才能工作。最多一次可上传 5 张图像。

图像 URL 必须是指向线上保存图像的链接，图像上传方法请参照之前介绍的"如何获取图像 URL"部分。

在 /blend 模式下，分别上传蓝天白云绿草地图像 1 和小女孩图像 2 后，按"Enter"键确认。

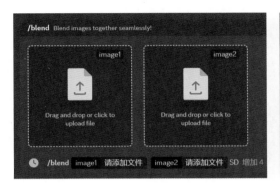

/blend 模式应用示例

这样就可以生成小女孩站在蓝天白云下的绿草地上的合成图像了。

生成图像最终效果

3.6 /describe（图生文）模式详解

/describe 模式简单说就是 Midjourney 会阅读用户所上传图像的内容，然后返回 4 组根据这些图像分析出的提示词，用户可以直接通过这 4 组提示词再次生成图像对应的文字内容，用于图像场景提示词的发掘与研究。

例如，上传一张未来风格的汽车行驶图像。会得到 4 组与图像相关的提示词，单击下面的"1""2""3""4"数字按钮，就会再次生成与提示词对应的 4 张图像。

生成的图像与原图像风格基本保持一致，并且可以进行提示词的二次编辑创作。

上传图像

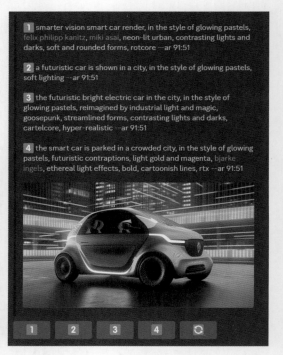

生成提示词

/describe 模式应用示例

3.7 Remix（混合）模式详解

使用 Remix 模式可在单击"V"按钮后再次更改提示词、参数、模型版本或图像纵横比。Remix 模式将采用起始图的构图方式，并将其用作新工作的一部分。重新混合可以改变图像的主题、照明、构图等。

启动方法：使用 /prefer remix 命令或 /settings 命令并切换按钮可以启动 Remix 模式。

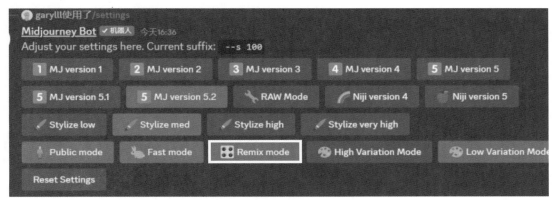

启动 Remix 模式

使用 /imagine prompt three apples 命令生成 3 个苹果的图像，在打开 Remix 模式的情况下，单击"Make Variations"按钮。

在弹出的 Remix Prompt 窗口中将提示词 three apples 改为 three cats。

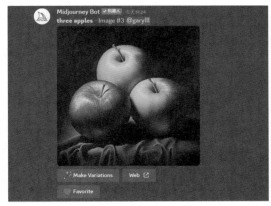

Remix 模式应用示例 1

通过使用 Remix 模式，图像主体变成了 3 只猫，虽然现在看起来有一些奇怪，但它的确是在原图像的构图和色彩环境下做出的变化。

人工智能生成的艺术改变了游戏规则。如你所见，使用 Midjourney 并不像我们最初认为的那么困难，反而非常简单，它也是一种了解人工智能多年来发展程度的有趣方式。所以你不妨试一试，看看自己能创造出什么。

Remix 模式应用示例 2

4

Midjourney
生成主题风格探索

4.1 人物照片

Midjourney 可以快速生成各种风格的人物照片，并且这些照片足以以假乱真，而且在镜头、光线和构图的使用上也可以做到专业级。

核心提示词使用规则：人物主体描述 + 背景环境描述 + 人物外形描述 + 风格描述 + 设备 / 镜头参数。

核心提示词示例如下。

> 人物主体描述：21years Chinese girl
>
> 背景环境描述：in school
>
> 人物外形描述：beauty, long black hair
>
> 风格描述：sun light,insane detail, smooth light, real photography fujifilm superia, full HD
>
> 设备 / 镜头参数：taken on a Canon EOS R5 F1.2 ISO100 35mm

根据以上的使用规则，我们可以在 Midjourney 中输入如下示例提示词。

> 21years Chinese girl, in school, beauty, long black hair, sun light, insane detail, smooth light, real photography fujifilm superia, full HD, taken on a Canon EOS R5 F1.2 ISO100 35mm --ar 4：3

示例效果图

也可以通过修改提示词，生成具有超现实主义和中国古风特色的照片。下面给出几组提示词和效果图。

示例一：

photorealism, beautiful Asuka Langley Soryu in sci-fi armor in a futuristic city,full HD, taken on a Canon EOS R5 F1.8 ISO100 50mm --ar 3：4

示例二：

a portrait of a Hanfu-clad Chinese girl, fashion shoot, flowing dress, floral embroidery, delicate hair accessories, tranquil garden background, soft natural lighting, serene expression --ar 3：4

示例一效果图

示例二效果图

同时也可以将图像背景环境设为白色或其他与前景有明显区别的纯色，这样可以方便使用图像编辑工具进行二次快速抠图。比如背景环境描述为 white background，提示词和效果图如下。

示例效果图

China male model, blue basketball vest, blue sports shorts, crew neck, skin color, handsome, sporty, modeling, full body photo, white background --ar 4：3

4.2 UI/UX 设计

Midjourney 生成的 UI/UX [（User Interface，用户界面）/（User eXperience，用户体验）] 图像虽然不能直接作为源文件使用，但是可以作为排版、配色、构图等视觉元素的参考素材，并且与传统素材比较起来更加直观和生动。

核心提示词使用规则：场景描述 + 图像元素 + 风格描述 + 横纵比参数。其中横纵比参数关乎实际产品的排版，比如移动端产品为 9 ：16、计算机端产品为 16 ：9。

核心提示词示例如下。

场景描述：add to cart customer support video tutorials
图像元素：many batch tracking, email marketing, filtering options, modern no arguments
风格描述：UI, UX, UI/ UX
横纵比参数：--ar 9 ：16

根据以上使用规则，我们可以在 Midjourney 中输入如下示例提示词。

示例一：
add to cart customer support video tutorials,
many batch tracking, email marketing,
filtering options, modern no arguments, UI,
UX, UI/ UX --ar 9 ：16

示例一效果图

示例二：
create a similar landing page about UI and
UX course, design product website, simple
layout, flat design, in the style of off white and
light gris, light background, superflat style,
minimalist --ar 16 ：9

示例二效果图

4.3 插画风格

Midjourney 生成的插画风格非常多元化，扁平风格、游戏原画风格、矢量风格、油画风格、2.5D 风格、3D 风格、水墨风格，等等，几乎是样样精通，并且可以指定现实中的插画艺术家的风格进行生成。

核心提示词使用规则：主体描述＋背景环境描述＋风格描述。其中风格描述可以是风格关键词，也可以是艺术家的名字。

核心提示词示例如下。

主体描述：Several children, a cat, and a dog are sitting in front of a laptop screen. On the laptop, you can see a construction drawing. The coffee mug on the table has been knocked over, spilling coffee all over the surface. A potted plant is scattered throughout the room. The walls of the office are covered in marker pen doodles.

背景环境描述：in the home office

风格描述：cinematic lighting, intricate details, GLSL, raytracing, FXAA, in cartoon style, bokeh

根据以上使用规则，我们可以在 Midjourney 中输入如下示例提示词。

Several children, a cat, and a dog are sitting in front of a laptop screen. On the laptop, you can see a construction drawing. The coffee mug on the table has been knocked over,spilling coffee all over the surface. A potted plant is scattered throughout the room. The walls of the office are covered in marker pen doodles.In the home office,cinematic lighting, intricate details, GLSL, raytracing, FXAA, in cartoon style,bokeh --ar 1：1

示例效果图

下面再给出几组示例提示词和效果图。

示例一：

Advertising for an airline company in 50s minimalist style featuring a stylized man walking with a suitcase in his hand,airport in background done only with lines and geometrical shapes,blue red and white,stylized --ar 4：3

示例一效果图

示例二：

cute girl with headphones on studying at night. the dark neon weather heavy rain, blackpink, detailed anime artwork --ar 16 ： 9

示例三：

car navigating through 3d city, OC rendering,hyper detailed, natural lighting,isometric --ar 16 ： 9

示例二效果图

示例三效果图

示例四：

horizontal terrain road,no background,traditional Chinese ink paintings,2D game,simple --ar 16 ： 9

示例四效果图

4.4 二次元动漫

2023 年 4 月，Midjourney 发布了 Niji version 5 模型，它是专门的二次元动漫模型，比 MJ version 5 更加擅长二次元风格。

使用 Niji version 5 模型时，需要在生成图像之前通过 /settings 命令将默认模型设为 Niji version 5 模型。

核心提示词使用规则：人物主体描述 + 场景描述 + 风格描述。其中风格描述可以是风格关键词，也可以是艺术家的名字。

核心提示词示例如下。

人物主体描述：young girl，she has black hair, a short skirt and a happy face

场景描述：standing in a futuristic city street

风格描述：anime style

根据以上使用规则，我们可以在 Midjourney 中输入如下示例提示词。

young girl,standing in a futuristic city street,she has black hair, a short skirt and a happy face,anime style --ar 3 ： 4

示例效果图

下面再给出几组示例提示词和效果图。

示例一：

young girl and boy, walking hand in hand at the beach, anime style, Miyazaki Hayao style --ar 4 ： 3

说明：宫崎骏（Miyazaki Hayao），日本著名动画师、动画制作人、漫画家、动画导演、动画编剧。代表作《天空之城》《千与千寻》《龙猫》等。

示例二：

girl,kwaii cute,t-shirt,with hair black,vector anime,4k HD --ar 4 ： 3

示例一效果图

示例二效果图

4.5 建筑设计

世界各地的建筑师和建筑公司一直在尝试使用 Midjourney 完成建筑的概念设计，并发现它可以让他们快速产生和迭代设计理念，令他们陶醉在无限制的设计探索中。

核心提示词使用规则：主体详细描述 + 背景环境描述 + 风格描述。其中风格描述可以是建筑风格或时期、建筑师、设计师和摄影师。

核心提示词示例如下。

主体详细描述：futuristic skyscraper with a biomorphic design

背景环境描述：lush vertical gardens, and soaring glass facade

风格描述：inspired by Zaha Hadid, photographed by Candida Höfer

说明：扎哈·哈迪德（Zaha Hadid）是有史以来第一位获得建筑界奥斯卡奖——普利兹克奖的女性，她以采用曲线、俯冲线条为特点的未来主义设计而闻名。

根据以上使用规则，我们可以在 Midjourney 中输入如下示例提示词。

示例一：

futuristic skyscraper with a biomorphic design, lush vertical gardens, and soaring glass facade, inspired by Zaha Hadid, photographed by Candida Höfer --ar 16 : 9

示例一效果图

示例二：

Gothic architectural design, flying exterior buttresses, long stained-glass windows, ribbed vaults, and spires, photo by Hélène Binet --ar 16 : 9

示例二效果图

4.6 3D 设计

Midjourney 具有很强的 3D 设计能力，无论是设计 3D 物品、人物还是场景，用户在不需要精通 C4D、Blender、OC 渲染器等专业 3D 软件的情况下，就能用它快速高效地完成令人惊叹的 3D 效果图设计。

核心提示词使用规则：主体详细描述 + 背景环境描述 + 风格描述。

核心提示词示例如下。

> 主体详细描述：illustrate a hair dryer
> 背景环境描述：against a light background to convey a sense of optimism
> 风格描述：Braun design,minimalist design,OC rendering

根据以上使用规则，我们可以在 Midjourney 中输入如下示例提示词。

示例一：

illustrate a hair dryer,against a light background to convey a sense of optimism,Braun design,minimalist design,OC rendering --ar 4：3

示例一效果图

示例二：

cute small humanoid batman, dark shoal gotham city background, detailed,digital painting, character design by mark ryden and pixar and Miyazaki Hayao,unreal 5, daz, hyperrealistic,OC rendering, full body portrait,unreal engine, cinematic --ar 4：3

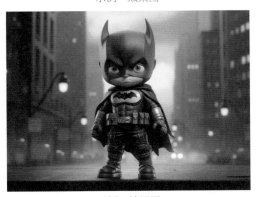

示例二效果图

4.7 品牌 Logo 设计

使用 Midjourney 你可以用很低的成本就创作出具有专业品质的 Logo，并且你会发现使用 Midjourney 设计 Logo 是一件非常有趣的事情，它生成的结果总能激发你的想象力，其中一些灵感创意对于专业设计师也是非常具有参考价值的。

核心提示词使用规则：主体详细描述 + 风格描述。

核心提示词示例如下。

主体详细描述：panda

风格描述：vector graphic logo,simple minimal

根据以上使用规则，我们可以在 Midjourney 中输入如下示例提示词。

panda,vector graphic logo,simple minimal --ar 1 ：1

示例效果图

下面再给出几组示例提示词和效果图。

示例一：

shawarma "HABIBI",vector logo for,the overall design should be versatile, able to maintain its clarity and impact in various sizes and both in color and black and white formats --ar 1 ：1
还可以生成一些具有很强的艺术风格的 T 恤图案，将其设置成黑色纯底非常适合印刷。

示例二：

iroman synthwave,t-shirt vector,vivid colors, detailed --ar 1 ：1

示例一效果图　　　　　　　　　　　　　　　示例二效果图

4.8 图案

Midjourney 不仅可以创造漂亮的图案，还可以将这些图案变成任何项目的背景图，设计成漂亮的计算机桌面壁纸就更不在话下了。

特别说明：使用 --tile 参数，还可以创造出无缝对接的图案。

核心提示词使用规则：主体详细描述 + 风格描述 + 重复拼图参数。

核心提示词示例如下。

主体详细描述：flowers

风格描述：floral design, minimalistic, pattern, seamless, Don Bluth

重复拼图参数：--tile

根据以上使用规则，我们可以在 Midjourney 中输入如下示例提示词。

flowers, floral design, minimalistic, pattern, seamless, Don Bluth --tile

示例效果图

下面再给出两组示例提示词和效果图。

示例一：

a transparent soft pink and bright orange wave against a blue pastel background, vector style, depth of field, paper art illustration, translucent, smooth lines --ar 16 ： 9

示例二：

blue screen wallpaper in fluorescent blue inside, transparent, concept product design, in the style of organic shapes and curved lines, digital gradient blends, emphasis on light and shadow, simplified forms and shapes, smooth and curved line --ar 16 ： 9

示例一效果图

示例二效果图

第 5 章

Midjourney
高级玩法实操

本章将通过 3 个实际操作案例，教大家如何通过修改提示词，对画面主体大小、角度、高度进行比较精准的控制。

5.1 控制生成图像中主体的大小

通过下图，我们可以了解如何使用不同的命令调整图像中主体的大小。

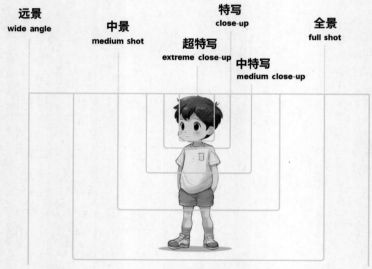

图像调整示意

首先我们在 Midjourney 中输入一组提示词。

film still,astronaut in alien jungle --ar 3：2
（电影剧照，宇航员在外星丛林）

我们会得到右边这样一组照片。一般系统会默认随机生成类似中景的效果。

类似中景的效果图

下面我们将镜头从远处一点点地拉近，在提示词的最后输入 wide angle（远景）。

film still,astronaut in alien jungle,wide
angle --ar 3：2

我们会得到远景镜头，远景一般是由广角镜头所拍摄的。远景中的人物画面占比很小，可以让观众快速了解到人物所处的环境和位置。远景通常用于叙事情感的表达，比如说渺小、孤单、空灵。

远景效果图

现在我们把镜头逐渐拉近，在提示词的最后输入 full shot（全景）。

> film still,astronaut in alien jungle,full shot
> --ar 3：2

全景效果图

这个时候画面人物会呈现全身照，除了人物的肢体动作被完整捕捉，同时画面中的环境也被完整地展现出来，对于氛围烘托起到关键作用，但是人物面部表情的细节不够清晰。

下面我们将画面继续拉近，在提示词的最后输入 medium shot（中景）。

> film still,astronaut in alien jungle,medium
> shot --ar 3：2

中景效果图

这个时候我们会得到人物膝盖以上的中景。中景条件下不仅能看清人物的面部表情，人物的肢体动作，也能看清。中景在加深画面纵深感的同时，还能营造环境和气氛。

我们接着拉近画面，在提示词的最后输入 medium close-up（中特写）。

> film still,astronaut in alien jungle,medium
> close-up --ar 3：2

中特写效果图

这时将呈现人物腰部以上的近景画面，它非常接近人们在近距离交谈时，人眼所看到的画面，这个画面中的人物表情和背景环境都是很清晰的，最适合表现细节。

接下来我们再次拉近画面，在提示词的最后输入 close-up（特写）。

> film still,astronaut in alien jungle,close-up
> --ar 3：2

特写效果图

这时将呈现人物胸部以上的特写画面，可以细致地表现出人物的面部神态和表情。特写非常适合刻画人物的性格和表达情绪。

最后我们进入更微观地超特写画面，在提示词的最后输入 extreme close-up（超特写）。

film still,astronaut in alien jungle,extreme close-up --ar 3：2

这个时候将呈现人物头部以上的画面，人物的表情被放到最大。超特写是营造画面张力和引导用户关注度的最佳手段，也可以细致地表达出人物的内心情感。

超特写效果图

5.2 控制生成图像中主体的角度

通过下图，我们可以了解如何通过不同的命令，以不同的视角生成图像。

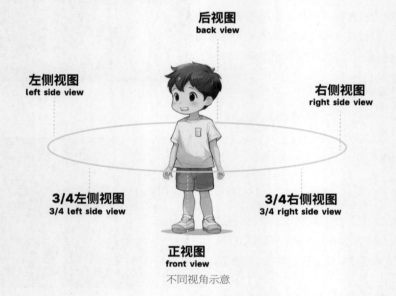

后视图
back view

左侧视图
left side view

右侧视图
right side view

3/4左侧视图
3/4 left side view

3/4右侧视图
3/4 right side view

正视图
front view

不同视角示意

首先还是在 Midjourney 中输入上文介绍的一组提示词。

film still,astronaut in alien jungle --ar 3：2
（电影剧照，宇航员在外星丛林）

我们会得到这样的一组照片，可以发现，人物主体的角度相对比较随机。

人物主体角度随机

下面，我们在提示词的最后输入 front view（正视图）。

> film still,astronaut in alien jungle,front view
> --ar 3：2

我们会得到人物正面朝向我们的一组照片，这就是正视图，这是我们在大多数情况下都会用到的角度，人物看起来会非常直观。

接下来，我们继续在提示词的最后输入 back view（后视图）。

> film still,astronaut in alien jungle,back view
> --ar 3：2

这时画面中的人物都会背对着我们，人物背向的画面看起来会更让人浮想联翩，仿佛画面深处藏着很多未知的东西。

接下来，在提示词的最后输入 left side view（左侧视图）或者 right ride view（右侧视图）。

> film still,astronaut in alien jungle,left side
> view --ar 3：2
> 或者
> film still,astronaut in alien jungle,right side
> view --ar 3：2

正视图

后视图

侧视图

这时人物会呈现侧面，侧面会让画面看起来更立体，特别是脸部的整个轮廓会非常清晰，而且显脸小。人物主体的侧面再配合这样的背景光线，整个画面质感十足。

接下来在提示词的最后输入 3/4 left side view（3/4 左侧面）或者 3/4 right side view（3/4 右侧面）。

> film still,astronaut in alien jungle,3/4 left
> side view --ar 3：2
> 或者
> film still,astronaut in alien jungle,3/4 right
> side view --ar 3：2

3/4 侧视图

这时画面中的人物会以 3/4 的面部朝向我们。这个角度的视图美术生最懂了，它是素描作品中最常见的角度，是最能体现头部体积感和空间感的角度。这样的人物角度再配合侧角度光线，使人物面部显得非常立体。一般拍运动中的画面时也会采用这个角度。

5.3 控制生成图像中主体的高度

通过下图，我们可以了解如何通过不同的命令，以不同的角度生成图像。

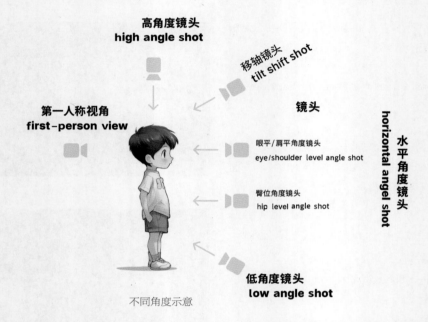

不同角度示意

首先还是在 Midjourney 中输入新的一组提示词。

> A cute little girl is in the green field,8k 3d style, cartoon character design, soft light, OC rendering--ar 16：9
> （一名可爱的小女孩站在绿草地上，3d，卡通人物设计，柔光，OC 渲染）

人物主体高度随机

我们会得到一组这样的图像，镜头的高度是比较随机的，而镜头的高度，会直接影响观众感知场景的方式。

下面我们自下而上一点点地将镜头抬高，在提示词的最后输入 low angle shot（低角度镜头）。

低角度镜头示例

> A cute little girl is in the green field, 8k 3d style, cartoon character design,soft light,OC rendering,low angle shot --ar 16 ：9

这时会呈现一个从较低位置向上看的画面，拍摄的是对象的低角度镜头，这个镜头通常用于强调角色之前的权重关系，强势者俯视对手，弱势者仰望对手。

接下来我们抬高镜头，在提示词的最后输入 horizontal angel shot（水平角度镜头）。

水平角度镜头示例

> A cute little girl is in the green field, 8k 3d style, cartoon character design,soft light,OC rendering,horizontal angel shot --ar 16 ：9

在这个时候画面通常会随机以人物的肩部或者眼部的高度为基准。其中眼平镜头（eye level shot）下看起来更像是观众在和画面中的人物互动，人与人之间的关系是平等的。而肩平镜头（shoulder level shot）下观众会觉得自己比画面中的人物看起来更矮一些，更能体现出画面中人物的优越感。

接下来我们继续将镜头拉高，在提示词的最后输入 high angle shot（高角度镜头）。

高角度镜头示例

> A cute little girl is in the green field, 8k 3d style, cartoon character design,soft light,OC rendering,high angle shot --ar 16 ：9

我们会随机得到鸟瞰图或者俯视图的画面。高角度镜头会从高处俯视我们拍摄的对象和他周围的风景，可以创造出很好的规模感和运动感，非常适合表现大场景和体现人物的广阔心境。

另外，我们还可以在这个提示词的后面补充输入 tilt shift shot（移轴镜头）。

> A cute little girl is in the green field, 8k 3d style, cartoon character design,soft light,OC rendering,high angle shot,tilt shift shot --ar 16 ：9

移轴镜头示例

将移轴镜头与高度镜头组合进行创作，会让整个画面看起来非常具有微缩景观的独特效果。

最后，再给大家介绍一个很有特点的镜头：第一人称视角（first-person view）。在提示词的最后输入 first-person view，并且修改之前的人物主体描述词，去掉人物，只保留背景环境。这样我们就会得到第一人称视角，也就是画面中主角眼中世界的样子。

第一人称视角示例

第 6 章

双剑合璧
ChatGPT+Midjourney

6.1 ChatGPT 是什么

　　ChatGPT 是一种基于自然语言处理的大型语言模型，由 OpenAI 开发。它通过深度学习和大规模预训练的方式来理解和生成自然语言。ChatGPT 的目标是模拟人类对话，并能够以逻辑、连贯和有意义的方式回应用户的输入。

　　作为一种强大的语言模型，ChatGPT 可以与用户进行实时对话，理解和处理各种语言指令与问题。它通过学习大量的文本数据，从中提取语言的模式、结构和语义，能够生成具有上下文关联性的回复。ChatGPT 可以应用于多个领域，包括设计、创意、咨询、教育等。

　　ChatGPT 的核心机制是基于注意力机制的转换器架构。它由多个堆叠的编码器和解码器组成，编码器负责理解输入文本的语义和上下文，解码器则负责生成回复。通过多层的自注意力机制，ChatGPT 可以在生成回复时综合考虑输入的上下文和语义信息。

　　ChatGPT 的训练过程分为两个阶段：预训练和微调。在预训练阶段，ChatGPT 使用大规模的无监督数据进行自我学习，预测下一个词语或句子，并通过这种方式逐渐建立起对语言的理解。在微调阶段，ChatGPT 使用特定任务的数据集进行有监督地训练，以进一步优化自身性能和适应特定的应用领域。

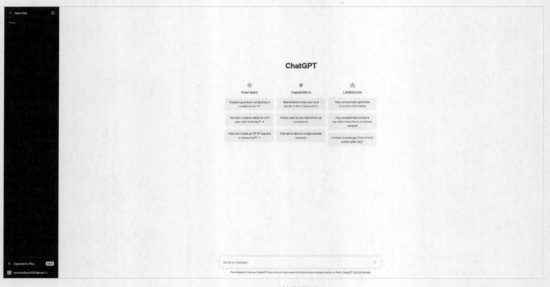

ChatGPT 对话界面

　　尽管 ChatGPT 在生成回复方面表现出了惊人的灵活性和逼真度，但它也存在一些缺陷。首先，它可能会受到数据偏差的影响，因为它是通过对大规模文本数据进行训练而工作的。这可能导致 ChatGPT 在回复时重复一些内容或倾向于某些特定的观点或存在偏见。其次，由于训练数据的时间截断，ChatGPT 可能无法提供关于最新事件、技术发展和行业动态的准确信息。

　　为了更好地克服这些缺陷，OpenAI 和其他研究人员一直在不断改进和调整 ChatGPT 的训练方法和模型架构。他们致力于提高 ChatGPT 的稳健性、准确性和适应性，并探索如何更好地避免 ChatGPT 存在的偏见和误导性回复问题。

6.2 ChatGPT 在设计领域的应用

ChatGPT 在设计领域具有很大的应用潜力。设计师可以利用 ChatGPT 来获得灵感、探索创意方向和解决设计问题。通过与 ChatGPT 进行对话，设计师可以从模型中获取多样的设计建议、视觉引用和设计原则，为自己的创作带来新的视角和思路。

ChatGPT 还可以在用户体验研究中发挥作用。设计师可以与 ChatGPT 交流用户行为、期望和需求，模拟不同设计方案的用户反应。通过与 ChatGPT 的交互，设计师可以获取关于用户感受和反馈的洞察，从而改进设计方案并提升用户体验。

TE: 我想设计一个母婴电商App，请给出一个产品设计详细方案

当设计一个母婴电商App时，需要考虑用户友好性、功能完善性和界面美观性。下面是一个详细的产品设计方案，包括主要功能、用户界面和技术要求。

1. 主要功能
   a. 用户注册与登录：提供用户注册和登录功能，可以通过手机号码或社交媒体账号快速注册登录。
   b. 商品浏览与搜索：展示母婴商品的分类列表，支持根据关键词、价格和品牌等条件进行商品搜索。
   c. 商品详情页：展示商品的详细信息，包括图片、描述、价格、库存等，并提供用户评价和推荐相关商品。
   d. 购物车与下单：用户可以将感兴趣的商品加入购物车，然后进行结算并下单购买。
   e. 订单管理：用户可以查看订单状态、订单详情和物流信息，以及取消或退换货。
   f. 支付与优惠：支持多种支付方式，如支付宝、微信支付等，并提供促销活动和优惠券功能。
   g. 用户个人中心：用户可以管理个人信息、收货地址，查看购买记录和收藏的商品等。
   h. 社区互动：用户可以加入母婴社区，分享经验、提出问题，并与其他用户互动交流。
2. 用户界面
   a. 欢迎页：展示 App的Logo和简洁的欢迎信息，提供登录和注册入口。
   b. 首页：展示推荐商品、促销活动和热门分类，提供搜索框和快速导航功能。
   c. 商品列表页：展示根据分类和搜索条件筛选的商品列表，包括商品图片、名称和价格等。
   d. 商品详情页：展示商品的详细信息、评价和推荐商品，提供加入购物车和立即购买按钮。
   e. 购物车页：展示用户已选购的商品列表、数量和总价，提供结算和继续购物按钮。
   f. 订单页：展示用户已下单的订单列表和状态，提供订单详情和取消订单等操作。
   g. 个人中心页：展示用户的个人信息、收货地址和购买记录等，提供编辑和退出登录功能。

让 ChatGPT 设计一款母婴电商 App 产品方案

另外，ChatGPT 还可以用于自动化设计流程的支持。设计师可以利用 ChatGPT 生成初步的草图、色彩方案等。ChatGPT 可以根据设计师的输入和指示生成多个设计候选方案，并提供与每个方案选择相关的理由和解释。这种自动化的生成过程可以加快设计迭代的速度和提高效率，为设计师节省时间和精力。

在使用 ChatGPT 时，设计师需要保持谨慎并进行批判性思考。尽管 ChatGPT 可以提供有用的建议和回复，但设计师仍应结合自己的专业知识和判断力进行决策。ChatGPT 的回复可能存在不准确或不符合设计目标的情况，因此设计师需要审查和验证 ChatGPT 生成的内容，以确保其符合实际需求和设计要求。

设计一个咖啡店Logo，需要有复古元素和猫的图案

当然！我可以帮你设计一个咖啡店的Logo，融合了复古元素和猫的图案。下面是一个简单的设计示例。

首先，我们可以选择一个复古风格的字体来书写咖啡店的名称。一个常见的选择是使用类似于"Courgette"或"Playfair Display"这样的手写风格字体。这种字体可以传达出复古和优雅的感觉。

在字体的旁边或上方，我们可以加入一个猫的图案。可以选择一个简单而有趣的插图，例如一个带有复古风格的猫头或一个坐在咖啡杯上的猫咪。猫的图案可以用线条描绘，以保持复古的风格。

此外，我们可以考虑使用一些复古的元素来装饰整个Logo。例如，可以在字体周围添加一些复古花纹或装饰线条，以增加复古的感觉。另外，选择适当的颜色也很重要。复古色调如棕色、米色、古铜色或酒红色通常可以与复古元素相得益彰。

最后，确保整个Logo的设计保持简洁而富有吸引力。细节的平衡很关键，不要让设计显得过于复杂或难以辨认。

请记住，这只是一个简单的设计示例。如果你有更具体的要求或想法，我可以根据你的需求进行调整和改进。

使用 ChatGPT+Midjourney 完成猫咖啡店 Logo 设计

此外，设计师还可以通过与其他专业人士、团队成员和用户进行讨论或收集反馈，将 ChatGPT 作为一种工具来促进合作和创造力的发挥。通过多方参与和融合不同的观点，设计师可以得到更全面和多样化的设计解决方案。

综上所述，ChatGPT 作为一种基于自然语言处理的语言模型，在设计领域具有巨大的潜力和应用价值。它可以为设计师提供创意、用户体验研究和自动化设计流程支持，为设计创新和提升设计质量带来新的可能性。

6.3 ChatGPT 配合 Midjourney 完成创作实操案例

ChatGPT 配合 Midjourney 完成创作的基本流程非常简单，大致分两步。

ChatGPT 与 Midjourney 合作流程

比如我想要创作一幅日本漫画家宫崎骏风格的绘画作品，内容是在午后的阳光下，一家人坐在绿草地上悠闲地聊着天，喝着咖啡。

（1）我们将这段需求输入 ChatGPT 中，让 ChatGPT 完善其中的细节，并提出具体的设计绘图方案。将需求输入 ChatGPT 中后，ChatGPT 会给出更多的场景细节。

（2）接下来我们让 ChatGPT 将这段文字直接翻译成英文。

TB 我想要创作一幅日本漫画家宫崎骏风格的绘画作品，内容是在午后的阳光下，一家人坐在绿草地上悠闲地聊着天，喝着咖啡。请帮我补充细节，并完成一个设计方案

TB 翻译成英文

当然！我很乐意帮助你完成这个设计方案。以下是一些细节和建议，帮助你创作一幅宫崎骏风格的绘画作品：

1. 背景场景
   - 设想一个宽广的公园或乡村景色，绿草地上散布着树木和鲜花。可以在远处描绘一座小山丘或小溪，增添自然的感觉。
   - 在天空中画上一片明亮的午后阳光，让阳光透过树叶洒在地面上形成斑驳的光影。
2. 人物形象
   - 描绘一个温馨的家庭场景，包括父母和孩子。可以有两位父母和一个或多个孩子。
   - 通过他们的服装和姿势来展现他们的个性和情感。你可以让他们穿着轻便舒适的服装，例如休闲衣物或夏日服饰。
   - 为每个人物设计一个独特的面容和表情，让他们看起来愉快而轻松。
3. 细节
   - 在草地上摆放一些舒适的躺椅、毯子或野餐桌椅，让人们能够坐下来享受午后的阳光和美食。
   - 在桌子上放上一些咖啡杯和蛋糕，或者其他小吃，营造出轻松愉快的用餐氛围。
   - 可以在画面中加入一些小动物，如蝴蝶、松鼠或小鸟，增添活力和自然元素。
4. 色彩和光影
   - 宫崎骏的作品常以明亮而温暖的色彩为特点。你可以选择一些柔和的、带有自然色调的颜色来营造温馨的氛围。
   - 利用阳光透过树叶形成的光影，给场景增添一些细腻的绘画效果。
5. 整体风格
   - 宫崎骏的作品通常以细腻的线条和柔和的画面表现出情感和故事。你可以尝试使用细致的线条和柔和的渲染风格，以呈现出宫崎骏风格的绘画效果。
   - 通过人物的姿势和面部表情，传达出家庭成员亲密的关系和快乐。

Certainly! I'd be happy to help you with the design plan for a painting in the style of Japanese manga artist Hayao Miyazaki, depicting a family sitting on a green grass field, leisurely chatting and enjoying coffee in the afternoon sun. Here are the details and suggestions:

1. Background Scene
   - Imagine a wide park or countryside landscape with scattered trees and flowers on the green grass. You can depict a small hill or stream in the distance to add a natural feel.
   - Paint a bright afternoon sun in the sky, with sunlight streaming through the leaves and creating dappled shadows on the ground.
2. Character Depiction
   - Portray a heartwarming family scene with parents and children. You can have two parents and one or more children.
   - Use their clothing and postures to showcase their personalities and emotions. You can dress them in comfortable and casual attire, such as casual clothing or summer outfits.
   - Design a unique facial appearance and expressions for each character to make them look joyful and relaxed.
3. Details
   - Place some comfortable lounge chairs, blankets, or picnic table sets on the grass, allowing people to sit and enjoy the afternoon sun and refreshments.
   - Place coffee cups and cakes or other snacks on the table to create a relaxed and enjoyable dining atmosphere.
   - You can add some small animals like butterflies, squirrels, or birds in the artwork to add liveliness and natural elements.
4. Colors and Lighting
   - Miyazaki's works often feature bright and warm colors. You can choose soft and natural tones to create a cozy atmosphere.
   - Utilize the sunlight filtering through the leaves to create delicate light and shadow

（3）下面我们将这段英文复制粘贴到 Midjourney 中。

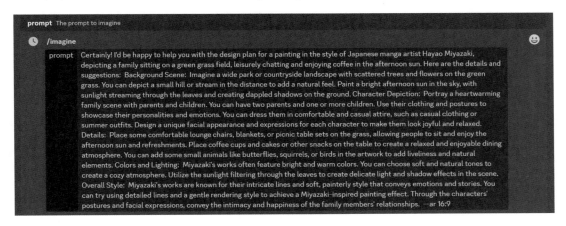

（4）生成效果图。我们可以通过单击"刷新"按钮多次生成效果图，直到得到相对满意的图像。

示例效果图

示例效果图（续）

　　我们也可以将之前讲到的 Midjourney 提示词的一些使用方法与 ChatGPT 生成的提示词信息进行配合使用，比如加上 --ar 比例参数，进行模型切换，添加镜头，视角提示词等，会得到更加符合需求的效果。

7

第 章

Midjourney
神奇咒语宝典

商品促销：潮流饮品

应用场景	饮品商铺的新品店招海报
设计风格	国潮插画

顶部主标题明确产品，采用书法字体体现国潮文化特性

副标题在主标题中间，作为中心焦点，让画面看起来更加紧凑

背景使用绿植铺满，隐喻产品的自然特性

采用中心构图法，主体为饮品特写

底部添加小标题，一般是品牌 Logo，同时作为视觉缓冲点缀

/imagine `prompt` 神奇咒语

● 本案例采用提示词方式生成，案例类似效果可通过生成一个效果后经过多次刷新获得。

神奇咒语原文

a cup of orange juice,oranges,leaves,plants,Victo Ngai style,Illustration,poster design, flat illustration

● 主体描述　　● 背景环境　　● 艺术风格

中文含义

一杯橙汁，橙子，叶子，植物，Victo Ngai（倪传婧，香港插画师）风格，插图，海报设计，平面插图

尾部参数

--ar 3：4 --q 2 --v 5

神奇咒语 +

还可以将神奇咒语中的产品提示词 orange juice（橙汁）改为其他饮品类型，比如 mango（芒果）juice、pitaya（火龙果）juice、kiwi（奇异果）juice，这样就可以生成对应的图了。

商业设计：产品宣传

| 应用场景 | 水果礼盒产品宣传图 |
| 设计风格 | 实景拍摄 |

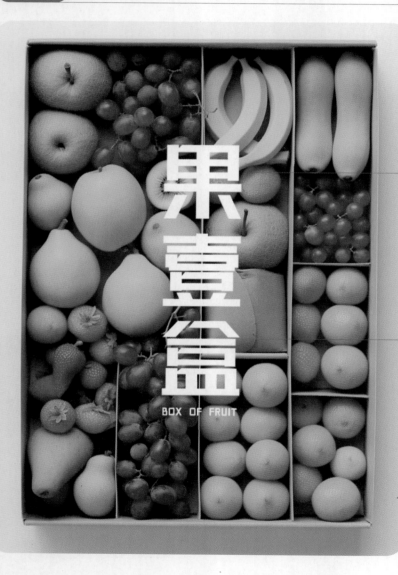

使用视觉主体构图，
铺满整个画布

采用中心构图法，
中间为竖排标题

● 本案例采用提示词方式生成，案例类似效果可通过生成一个效果后经过多次刷新获得。

神奇咒语原文

The kraft paper carton packaging has partitions of different sizes, and each partition contains different fruits, white background,brand, photo studio, very detailed, 8k, best quality,top view

● 主体描述　　● 背景环境　　● 艺术风格

中文含义

牛皮纸纸盒包装有不同大小的分区，每个分区包含不同的水果，白色背景，品牌，影楼，非常详细，8k，最好的质量，顶视图

尾部参数

--ar 3：4 --v 5

商业设计：产品宣传

应用场景	户外产品 / 户外运动海报

设计风格	3D 渲染

/imagine `prompt` 神奇咒语

- 本案例采用提示词方式生成，案例类似效果可通过生成一个效果后经过多次刷新获得。

神奇咒语原文

A muscular Chinese girl twenty years old wears outdoor gear and brings a dog,standing on a mountain, summer, outdoor, OC rendering, Blender,high detailed face, ultra high definition, sunny, clay figure, mock up, best quality, 8k

说明：Midjourney 对提示词语法没有严格要求。

● 主体描述　　● 背景环境　　● 艺术风格

中文含义

一个 20 岁的身材健美的中国女孩穿戴着户外装备并带着狗，站在山上，夏天，户外，OC 渲染，Blender 软件工具，超精细的脸，超高清，阳光明媚，泥人，实用模型，最佳质量，8k

尾部参数

--ar 3 ∶ 4 --v 5

神奇咒语 +

还可以将神奇咒语中的产品提示词 gril 改为 boy（男孩），这样可以得到不同性别的主体人物。还可添加背景色关键词 blue（蓝）、green（绿）等，得到不同颜色的背景。

商业设计：产品宣传

应用场景	新派火锅店的店招海报

设计风格	国潮创意

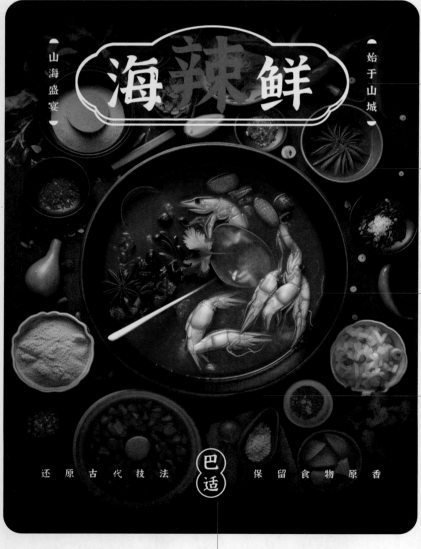

山海盛宴　始于山城

海辣鲜

还原古代技法　巴适　保留食物原香

顶部主标题明确产品，采用书法字体

副标题在主标题两侧，采用对联形式，体现中国文化特征

采用中心构图法，主体为火锅

背景用火锅食材平铺，体现内容丰富

底部留白区添加小标题，使用图形营造小而精的美感

/imagine **prompt** 神奇咒语

● 本案例采用提示词方式生成，案例类似效果可通过生成一个效果后经过多次刷新获得。

神奇咒语原文

hot pot,chili,knolling,8k,OC rendering, high resolution photography, insanely detailed, fine details, professional color grading

● 主体描述　● 背景环境　● 艺术风格

中文含义

火锅，辣椒，排列展开，8k，OC 渲染，高分辨率摄影，异常详细，精细细节，专业调色

尾部参数

--ar 3：4 --v 5

神奇咒语 +

还可以将神奇咒语中的产品提示词 hot pot（火锅）改为其他特色火锅类型，如 Chongqing hot pot（重庆火锅）；也可加上背景色，如 red background（红色背景）。

商业设计：产品宣传

应用场景	拉面馆的店招海报

设计风格	创意插画

顶部主标题明确产品，采用书法字体体现国潮文化特性

采用中心构图法，主体为拉面特写

底部添加小标题，一般是品牌 Logo，同时作为视觉缓冲点缀

/imagine prompt 神奇咒语

● 本案例采用提示词方式生成，案例类似效果可通过生成一个效果后经过多次刷新获得。

神奇咒语原文

a bowl of delicious fresh shrimp fish ban mee, amazing photography shot,professional,studio light source,Michelin kitchen style,high detail,detail Shot(ECU),three-point perspective

● 主体描述　　● 背景环境　　● 艺术风格

中文含义

一碗美味的鲜虾鱼板面，超赞的摄影，专业，工作室光源，米其林厨房风格，高细节度，微距摄影（大特写镜头），三点透视，横纵比 3：4

尾部参数

--ar 3：4 --v 5

商业设计：产品宣传

应用场景	潮鞋的新品店招海报

设计风格	创意插画

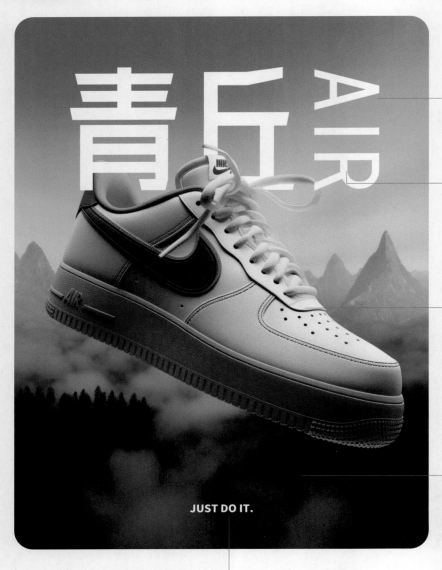

顶部主标题与产品主体采用贯穿式排版

英文进行竖排增添变化

主体稍微倾斜，体现运动的动感特征

背景使用山峦，营造产品体验感

底部留白区添加产品宣传语

/imagine `prompt` 神奇咒语

● 本案例采用提示词方式生成，案例类似效果可通过生成一个效果后经过多次刷新获得。

神奇咒语原文

Nike Air Force 1,background in blue sky, cover, marketing, magazine, photography, 8k,OC rendering,3D, high detail, Artstation, post-processing, masterpiece, vibrant deep colors

● 主体描述　　● 背景环境　　● 艺术风格

中文含义

Nike Air Force 1，蓝天背景，封面，营销，杂志，摄影，8k，OC 渲染，3D，高细节度，Artstation 平台，后期处理，杰作，充满活力的深色

尾部参数

--ar 3：4 --v 5

神奇咒语 +

还可以将神奇咒语中的产品提示词 Nike Air Force 1（耐克系列）改为 shoes，这样可以得到品牌的不同鞋的效果。将关键词 background in blue sky 改为 background in pink sky，可得到不同颜色的背景的图。

商业设计：产品宣传

应用场景	西餐汉堡店的店招海报

设计风格	创意插画

主标题采用倾斜排版，看起来更加动感

副标题采用和主标题一样的颜色搭配

倾斜方向与主标题保持一致，视觉更加协调

背景使用简单的纯黑色衬托主体

/imagine `prompt` 神奇咒语

• 本案例采用提示词方式生成，案例类似效果可通过生成一个效果后经过多次刷新获得。

神奇咒语原文

hamburger,cinematic,commercial photography,fine details,3D,OC rendering,8k,Blender, depth of field , professional color grading,white balance,super resolution

● 主体描述   ● 艺术风格

中文含义

汉堡，电影，商业拍摄，细节，3D，OC 渲染，8k Blender 软件工具，景深，专业调色，白平衡，超高分辨率

尾部参数

--ar 3 ：4 --v 5

神奇咒语 +

还可以在神奇咒语的产品提示词中添加 splash（飞溅），这样可以得到汉堡飞在空中和食材向四周飞溅的效果。

商业设计：业务展示

应用场景	物流快递行业数字海报
设计风格	矢量插画

将文字设置在色块中，色块形状为一个按钮

/imagine `prompt` 神奇咒语

● 本案例采用提示词方式生成，案例类似效果可通过生成一个效果后经过多次刷新获得。

神奇咒语原文

male courier riding a yellow motorcycle, a suitcase is placed on the rear luggage rack of the motorcycle, character caricatures, in the style of Cyril Rolando, commercial imagery, Yanjun Cheng, 32k UHD, Xiaofei Yue, packed with hidden details

● 主体描述　　● 背景环境　　● 艺术风格

中文含义

骑着黄色摩托车的男快递员，一个行李箱放在摩托车的后行李架上，人物漫画，Cyril Rolando（西里尔·罗兰多）风格，商业形象，Yanjun Cheng 风格，32k 超高清，Xiaofei Yue 风格，充满隐藏的细节

尾部参数

--ar 3 ：4　--v 5

神奇咒语 +

还可以将神奇咒语中的主体提示词 male courier（男快递员）改为 female courier（女快递员）,yellow（黄色）改为 blue（蓝色），这样可以得到不同主角的图像。

● 配套资源验证码 230832

商业设计：产品展示

应用场景　　汽车宣传海报

设计风格　　3D 风格创意插画

中文和英文混合排版，主标题和副标题通过字体大小区分

副标题在主标题中间，作为中心焦点，让画面看起来更加紧凑

/imagine **prompt** 神奇咒语

● 本案例采用提示词方式生成，案例类似效果可通过生成一个效果后经过多次刷新获得。

神奇咒语原文

smart car, car showroom, platform,8k,3D style, cartoon design, rich details, soft light, easy, OC rendering

● 主体描述　● 背景环境　● 艺术风格

中文含义

smart 车，汽车陈列室， 平台，8k, 3D 风格，卡通设计，丰富的细节，柔光，轻松，OC 渲染

尾部参数

--ar 3 ： 4 --v 5.1

神奇咒语 +

还可以将神奇咒语中的主体提示词 smart 改为 MINI 等车型，这样可以得到不同车型的图像。

商业设计：产品展示

应用场景	新文化酒类产品海报
设计风格	创意数字合成

脱离中央排列的主、副标题采用中式竖排，字体采用特别的斜体

玻璃瓶放在水面上显得更加精致和晶莹

/imagine `prompt` 神奇咒语

- 本案例采用提示词方式生成，案例类似效果可通过生成一个效果后经过多次刷新获得。

神奇咒语原文

package design for new liquor brand,Chinese liquor bottle,natural and healthy,depth of field,clean background,fine gloss,commercial photography,super detailed,soft light,HD, 8k

● 主体描述　● 背景环境　● 艺术风格

中文含义

新酒品牌包装设计，中国酒瓶，自然健康，景深，背景干净，精细光泽，商业摄影，超细致，柔光，高清,8k

尾部参数

--ar 3 : 4 --v 5

神奇咒语 +

还可以将神奇咒语中的产品提示词 natural and healthy（自然健康）改为 pink（粉色）、sakura（樱花），这样可以得到不同场景下的主体产品的图像。

商业设计 : 产品展示

| 应用场景 | 轻奢化妆品类商铺店招海报 |
| 设计风格 | 创意数字合成 |

用衬线字体使画风更
具古典气息

背景使用鲜花元
素，在面向女性
的产品中这样的
图案很讨巧

底部添加与主标题样式
一致的小标题，注意下
面的构图要留白

● 本案例采用提示词方式生成，案例类似效果可通过生成一个效果后经过多次刷新获得。

神奇咒语原文

a delicate and noble glass perfume bottle was placed in the middle of the water, the sunlight asperses full, on the water flutters falls the petal, has the dew, the crystal clear feeling, the warm color tone, center the composition, hyper - realistic style, realistic, photography, high detail, high quality, high resolution, 8k

---

● 主体描述　　● 背景环境　　● 艺术风格

中文含义

一个显得精致高贵的玻璃香水瓶被放在水中央，阳光洒满，水面上飘落着花瓣，有露珠，晶莹剔透的感觉，暖色调，居中构图，写实风格，逼真，摄影，高细节度，高质量，高分辨率，8k

尾部参数

--ar 3：4 --v 5

神奇咒语 +

还可以将神奇咒语中的产品提示词 a delicate and noble glass perfume bottle（一个显得精致高贵的玻璃香水瓶）改为 a chanel perfume bottle（香奈儿瓶），这样可以得到不同造型的玻璃瓶。

商业设计：产品展示

应用场景	国潮食品创意海报

设计风格	国潮插画

采用竖排书法字体，错位式排版，并用拼音修饰

中心构图法

背景图案与主体保持一致或相关

/imagine **prompt** 神奇咒语

● 本案例采用提示词方式生成，案例类似效果可通过生成一个效果后经过多次刷新获得。

神奇咒语原文

Zongzi like a mountain peak, UI illustration, minimalist style, 3D illustration, medium shot, tilt-shift, Blender, OC rendering, Dribbble, Behance, super detail, 16k, best quality

● 主体描述　● 艺术风格

中文含义

粽子像一座山峰 , UI 插画 , 极简风格 ,3D 插画 , 中景 , 移轴 ,Blender 软件工具 ,OC 渲染 ,Dribbble 平台 ,Behance 平台 , 超级详细 ,16k, 最佳质量

尾部参数

--ar 3 ：4 --v 5

商业设计：产品展示

应用场景	生鲜水果店的店招海报
设计风格	创意食物摄影

将文字设置在圆形内，使用圆润字体

小物品可以采用铺满的方式设计，冲击力十足

/imagine **prompt** 神奇咒语

● 本案例采用提示词方式生成，案例类似效果可通过生成一个效果后经过多次刷新获得。

神奇咒语原文

fresh blueberry background, adorned with glistening droplets of water, food magazine photography, award winning photography, advertising photography, commercial photography, soft shadows. clean sharp focus, ISO 100, professional color grading, top down view,shot using a Hasselblad camera, high - end retouching

● 主体描述　　● 背景环境　　● 艺术风格

中文含义

新鲜的蓝莓背景，点缀着闪闪发光的水滴，美食杂志摄影，获奖摄影，广告摄影，商业摄影，柔和的阴影，干净锐利的焦点，ISO 100，专业调色，俯视图，哈苏相机拍摄，高端修饰

尾部参数

--ar 3：4 --v 5

神奇咒语 +

还可以将神奇咒语中的产品提示词 blueberry（蓝莓）改为 grape（葡萄）、 jujube（枣）等，这样可以得到不同主体物品的图像。

商业设计：产品展示

应用场景	烧烤宣传海报

设计风格	商业摄影

/imagine `prompt` 神奇咒语

• 本案例采用提示词方式生成，案例类似效果可通过生成一个效果后经过多次刷新获得。

神奇咒语原文

lots of delicious kebabs, sprinkle cumin, steaming, commercial shot, simple background, strong bokeh, appetite, texture rich, 32k UHD, close-up

● 主体描述　● 背景环境　● 艺术风格

中文含义

许多美味的烤肉串，撒上孜然，热气腾腾，商业镜头，简单的背景，强烈的散景，食欲，纹理丰富，32k 超高清，特写

尾部参数

--ar 3 ： 4 --v 5

商业设计：节日主题

应用场景	节日海报
设计风格	矢量插画

/imagine **prompt** 神奇咒语

● 本案例采用提示词方式生成，案例类似效果可通过生成一个效果后经过多次刷新获得。

神奇咒语原文

a Chinese girl is very happy and raising her hands up, shopping mall in the background

surrounded by stacked shopping bags, flowers, bright colors, contrasting light and

dark, warm sunshine, perfect composition, highly detailed, flat illustrations, 4k

● 主体描述　● 背景环境　● 艺术风格

中文含义

一名中国女孩高兴地高举双手，背景是堆叠着购物袋的商场，鲜花，鲜艳的色彩，明暗对比，暖光，完美构图，高细节度，插画风格，4k

尾部参数

--ar 3 : 4 --v 5

商业设计：节日主题

应用场景	电商和地面店铺的儿童节海报

设计风格	3D 插画

使用手写字体，将文字和线条设计成拱形

小标题同样采用可爱的手写体

/imagine `prompt` 神奇咒语

- 本案例采用提示词方式生成，案例类似效果可通过生成一个效果后经过多次刷新获得。

神奇咒语原文

Asian children are running in the meadow, character caricatures, cartoonish character design, photorealistic renderings, 3D art, in the style of 8k 3d, 32k UHD

● 主体描述　● 艺术风格

中文含义

亚洲儿童在草地上奔跑，人物漫画，卡通人物设计，逼真的效果图，3D 艺术，8k 3D 风格，32k 超高清

尾部参数

--ar 3 : 4 --v 5

神奇咒语 +

还可以将神奇咒语中的主体提示词 in the meadow（在草地上）改为 in the country road（在乡间小路上）等，这样可以得到不同背景的图像。

商业设计：节日主题

应用场景	电商和地面店铺的母亲节海报

设计风格	矢量风格插画

/imagine `prompt` 神奇咒语

● 本案例采用提示词方式生成，案例类似效果可通过生成一个效果后经过多次刷新获得。

神奇咒语原文

The child is very happy with the mother,in the style of charming character illustrations, gongbi, minimalist images, hand-drawn animation,detailed design, kawaii art, texture exploration, soft lines and shapes,detailed character design

● 主体描述　● 艺术风格

中文含义

和妈妈在一起的孩子很开心，画风迷人的人物插画，工笔，极简画面，手绘动画，细节设计，卡哇伊艺术，质感探索，柔美线条造型，细致的人物设计

尾部参数

--ar 3 ：4 --v 5

商业设计：节气主题

| 应用场景 | 节气海报 |

| 设计风格 | 矢量风格插画 |

/imagine **prompt** 神奇咒语

● 本案例采用提示词方式生成，案例类似效果可通过生成一个效果后经过多次刷新获得。

神奇咒语原文

A boy and a girl are lying flat on the lawn, 32k UHD、 style, Shilin Huang, Paul Corfield, playful character design, green and bronze, Saurabh Jethani, love and romance, top view

● 主体描述　● 艺术风格

中文含义

男孩和女孩平躺在草坪上，32k 超高清，Shilin Huang 风格，Paul Corfield（保罗·科菲尔德）风格，俏皮的角色设计，绿色和青铜色，Saurabh Jethani 风格，爱情和浪漫，顶视图

尾部参数

--ar 3：4 --niji 5

品牌设计：视觉 Logo

应用场景	品牌动物 IP 形象 / 吉祥物设计

设计风格	矢量风格插画

/imagine `prompt` 神奇咒语

• 本案例采用提示词方式生成，案例类似效果可通过生成一个效果后经过多次刷新获得。

神奇咒语原文

simple mascot for a chicken company, Japanese style

● 主体描述　● 艺术风格

中文含义

非常简约的鸡形象吉祥物，日本风格

尾部参数

--ar 3 : 4 --v 5

神奇咒语 +

还可以将神奇咒语中的主体提示词 chicken（鸡）改为 duck（鸭）等，这样可以得到不同主角形象的图像。

品牌设计 : 视觉 Logo

应用场景	以动物为主形象的 Logo
设计风格	简约矢量风格

/imagine `prompt` 神奇咒语

- 本案例采用提示词方式生成，案例类似效果可通过生成一个效果后经过多次刷新获得。

神奇咒语原文

flat vector logo of deer head, minimal graphic, by Sagi Haviv

● 主体描述　　● 艺术风格

中文含义

鹿头的平面矢量 Logo，极简图形，Sagi Haviv（沙吉·哈维夫）风格

尾部参数

--ar 3：4 --v 5

神奇咒语 +

还可以将神奇咒语中的主体提示词 deer（鹿）改为 lion（狮子）、bear（熊）等，这样可以得到不同主角形象的图像。

品牌设计：视觉 Logo

应用场景	以动物为主形象的 Logo

设计风格	复古矢量风格插画

/imagine **prompt** 神奇咒语

• 本案例采用提示词方式生成，案例类似效果可通过生成一个效果后经过多次刷新获得。

神奇咒语原文
fishing emblem, kitschy vintage retro simple

● 主体描述　　● 艺术风格

中文含义
钓鱼标志，复古简单

尾部参数
--ar 3：4 --v 5

神奇咒语 +
还可以将神奇咒语中的主体提示词 fishing（钓鱼）改为 wheat（麦子）、 car（汽车）等，这样可以
得到不同主角形象的图像。

品牌设计：字体设计

应用场景	以字母或数字为主形象的 Logo
设计风格	矢量风格

/imagine `prompt` 神奇咒语

● 本案例采用提示词方式生成，案例类似效果可通过生成一个效果后经过多次刷新获得。

神奇咒语原文
letter B logo, lettermark, script typeface, vector simple, by Steff Geissbuhler

● 主体描述　● 艺术风格

中文含义
字母 B Logo、字母标记，手写字体，矢量极简，Steff Geissbuhler（斯蒂夫·盖斯布勒）风格

尾部参数
--ar 3：4 --v 5

神奇咒语 +
还可以将神奇咒语中的主体提示词 B 改为 A、X 等字母，这样可以得到不同字母形象的 Logo。

品牌设计：产品包装

| 应用场景 | 国风月饼食品礼品盒包装 |

| 设计风格 | 国风插画 |

/imagine `prompt` 神奇咒语

● 本案例采用提示词方式生成，案例类似效果可通过生成一个效果后经过多次刷新获得。

神奇咒语原文

brand packaging design for moon cake ,in the style of peony,simple,China, white,pink

---

● 主体描述　● 艺术风格

中文含义

月饼品牌包装设计，牡丹风格，简约，中国风，白色，粉色

尾部参数

--ar 3 : 4 --v 5

神奇咒语 +

还可以将神奇咒语中的主体提示词 peony（牡丹）改为 bamboo（竹子）等，这样可以得到不同环境的图像。

品牌设计：产品包装

应用场景	滋补饮品礼品包装

设计风格	国风插画

/imagine **prompt** 神奇咒语

● 本案例采用提示词方式生成，案例类似效果可通过生成一个效果后经过多次刷新获得。

神奇咒语原文

brand packaging design for sea food,in the style of ocean,simple,China, white,blue

● 主体描述　● 艺术风格

中文含义

海产品品牌包装设计，海洋风格，简约，中国风，白色、蓝色

尾部参数

--ar 3：4 --v 5

品牌设计：产品包装

应用场景	中国风高端茶叶礼品包装
设计风格	新中式简约矢量插画

/imagine **prompt** 神奇咒语

● 本案例采用提示词方式生成，案例类似效果可通过生成一个效果后经过多次刷新获得。

神奇咒语原文

tea gift box packaging, linear mountains and rivers, dark color matching, business, minimalist style, linear landscape illustration, Japanese art, 8k

● 主体描述　　● 艺术风格

中文含义

茶叶礼盒包装，线性山水，深色配色，商务，极简风，线性风景插画，日本艺术，8k

尾部参数

--ar 1：1 --v 5

IP 潮玩：IP 角色设计

应用场景	动物卡通 IP 设计

设计风格	3D 风格

/imagine `prompt` 神奇咒语

• 本案例采用提示词方式生成，案例类似效果可通过生成一个效果后经过多次刷新获得。

神奇咒语原文

a cute little panda, front side back three views,dressed as athletes,solid color

background, C4D, OC rendering, Ultra HD

● 主体描述　　● 背景环境　　● 艺术风格

中文含义

一只可爱的小熊猫，正面、侧面、背面三视图，运动员打扮，纯色背景，C4D,OC 渲染，超高清

尾部参数

--ar 16：9 --v 5.1

神奇咒语 +

还可以将神奇咒语中的主体提示词 panda（熊猫）改为 cat（猫），这样可以得到其他主体的图像。

IP 潮玩：IP 角色设计

应用场景	可爱动物 IP 角色 / 盲盒设计

设计风格	3D 渲染

/imagine `prompt` 神奇咒语

● 本案例采用提示词方式生成，案例类似效果可通过生成一个效果后经过多次刷新获得。

神奇咒语原文

a fat and cute tiger sits , social platform, 8k, 3D style, cartoon character design, rich details, soft light, relaxed, OC rendering, full body

● 主体描述   ● 背景环境   ● 艺术风格

中文含义

一只坐着的又胖又可爱的老虎，社交平台，8k，3D 风格，卡通人物设计，细节丰富，柔光，轻松，OC 渲染，全身

尾部参数

--ar 3：4 --niji 5

神奇咒语 +

还可以将神奇咒语中的主体提示词 tiger（老虎）改为 panda（熊猫）、rabbit（兔子）等，这样可以得到其他主体的图像。

IP 潮玩：IP 角色设计

应用场景	潮人 IP 角色 / 盲盒设计

设计风格	3D 渲染

● 本案例采用提示词方式生成，案例类似效果可通过生成一个效果后经过多次刷新获得。

神奇咒语原文

a handsome boy, trendy clothing, fluffy hair, exquisite facial features, Nike shoes, headphones, silver necklace, inflatable backpack, orange series, clean background, movie lighting, light and shade contrast, Pop Mart blind box, OC rendering, Chibi, ultra high definition, rich details, front view, C4D, 8k

● 主体描述　　● 背景环境　　● 艺术风格

中文含义

一个帅气的男孩，潮服，蓬松的头发，精致的五官，耐克鞋，耳机，银项链，充气背包，橙色系，干净的背景，电影灯光，明暗对比，Pop Mart（泡泡玛特）盲盒，OC渲染，Chibi风格（一种日本漫画风格），超高清，细节丰富，正视图，C4D，8k

尾部参数

--ar 3：4 --niji 5

IP 潮玩：IP 角色设计

应用场景	中国风 IP 卡通人物设计

设计风格	3D 渲染

/imagine `prompt` 神奇咒语

● 本案例采用提示词方式生成，案例类似效果可通过生成一个效果后经过多次刷新获得。

神奇咒语原文

a cute little girl is wearing ancient Chinese armor and holding a sword , standing on the Great Wall, social platform, 8k, 3D style, cartoon character design, rich details, soft light, easy, OC rendering,full body

● 主体描述　● 背景环境　● 艺术风格

中文含义

一个穿着中国古代盔甲手持长剑的可爱小女孩站在长城上，社交平台,8k，3D 风格，卡通人物设计，细节丰富，柔光，轻松,OC 渲染，全身

尾部参数

--ar 3 ：4 --v 5

IP 潮玩：IP 角色设计

应用场景	中国风 IP 卡通人物设计

设计风格	3D 渲染

/imagine `prompt` 神奇咒语

● 本案例采用提示词方式生成，案例类似效果可通过生成一个效果后经过多次刷新获得。

神奇咒语原文

a cute little girl in Chinese Hanfu stands in front of an ancient building, social platform,

8k, 3D style, cartoon character design, rich details, soft light, relaxed, OC rendering,

full body

● 主体描述　　● 背景环境　　● 艺术风格

中文含义

一个身穿中国汉服的可爱小女孩站在古建筑前，社交平台，8k，3D 风格，卡通人物设计，细节丰富，柔光，轻松，OC 渲染，全身

尾部参数

--ar 3 ：4 --v 5

IP 潮玩：玩具设计

应用场景	潮玩设计

设计风格	3D 渲染

● 本案例采用提示词方式生成，案例类似效果可通过生成一个效果后经过多次刷新获得。

神奇咒语原文

tiny kawaii isometric vantablack pink bedroom, on elevated platform in cutaway box, soft smooth lighting, soft colors, 100mm, 3D blender rendering, intricate details

● 主体描述　● 背景环境　● 艺术风格

中文含义

小巧的卡哇伊的等大小的梵塔黑粉色卧室，位于平台上的剖面盒，柔和平滑的灯光，柔和的色彩，100毫米，3D blender 渲染，复杂的细节

尾部参数

--ar 1 ： 1 --niji 5

插画设计：3D 插画

应用场景	超市背景环境下的 IP 卡通人物

设计风格	3D 风格

/imagine **prompt** 神奇咒语

- 本案例采用提示词方式生成，案例类似效果可通过生成一个效果后经过多次刷新获得。

神奇咒语原文

a cute girl in a supermarket, drink vending machine, social platform, 8k, 3D style, cartoon character design, rich details, soft light, easy, OC rendering

● 主体描述　　● 背景环境　　● 艺术风格

中文含义

一个超市里的可爱女孩，饮料自动售货机，社交平台，8k，3D 风格，卡通人物设计，丰富的细节，柔光，轻松，OC 渲染

尾部参数

--ar 3：4 --v 5

插画设计：3D 插画

应用场景	郊游露营营地海报

设计风格	3D 风格

/imagine `prompt` 神奇咒语

• 本案例采用提示词方式生成，案例类似效果可通过生成一个效果后经过多次刷新获得。

神奇咒语原文

a cute boy and a cute girl are camping, laughing,with a dog, scenes in spring,on a beautiful mountain path,sunny day,green lawn,white tent,social platform, 8k, 3D style, cartoon character design, rich details, soft light, easy, OC rendering

● 主体描述　　● 背景环境　　● 艺术风格

中文含义

一个可爱的男孩和一个可爱的女孩正在露营，笑着，带着狗，春天的场景，在美丽的山路上，阳光明媚的日子，绿色草坪，白色帐篷，社交平台，8k，3D 风格，卡通人物设计，丰富的细节，柔光，OC 渲染

尾部参数

--ar 3：4 --v 5

插画设计：3D 插画

应用场景	工作或学习环境下的 IP 卡通人物
设计风格	3D 渲染

/imagine `prompt` 神奇咒语

- 本案例采用提示词方式生成，案例类似效果可通过生成一个效果后经过多次刷新获得。

神奇咒语原文

a cute girl, doing homework in front of the desk, there is a lamp on the desk,her eyes are sad, social platform, 8k, 3D style, cartoon character design, rich details, soft light, easy, OC rendering

● 主体描述　　● 背景环境　　● 艺术风格

中文含义

一个可爱的女孩，在书桌前写作业，书桌上有一盏灯，她的眼神很悲伤，社交平台，8k，3D 风格，卡通人物设计，丰富的细节，柔光，轻松，OC 渲染

尾部参数

--ar 3：4 --v 5.1

神奇咒语 +

还可以将神奇咒语中的动作提示词 doing homework 改为 using a computer，这样可以得到不同使用设备和动作的图像。

插画设计：社交媒体

应用场景	表情包设计

设计风格	矢量插画

/imagine `prompt` 神奇咒语

● 本案例采用提示词方式生成，案例类似效果可通过生成一个效果后经过多次刷新获得。

神奇咒语原文

a cute cartoon character boy face shot, black hair, relaxed,dark background, 2D, graphic illustration, graphic, illustrated character head, bright lighting, sci-fi, fantasy, expression sheet, Chibi

● 主体描述　● 背景环境　● 艺术风格

中文含义

一个可爱的卡通男孩面部镜头，黑发，放松，黑暗背景，2D，图形插图，图形，插图人物头像，明亮的灯光，科幻，幻想，表情包组合，Chibi 风格

尾部参数

--ar 3 ：4 --v 5

神奇咒语 +

还可以将神奇咒语中的主角提示词 boy（男孩）改为 girl（女孩），这样可以得到不同主角的图像。

插画设计：艺术插画

应用场景	音乐或耳机电子产品海报

设计风格	创意艺术数字合成插画

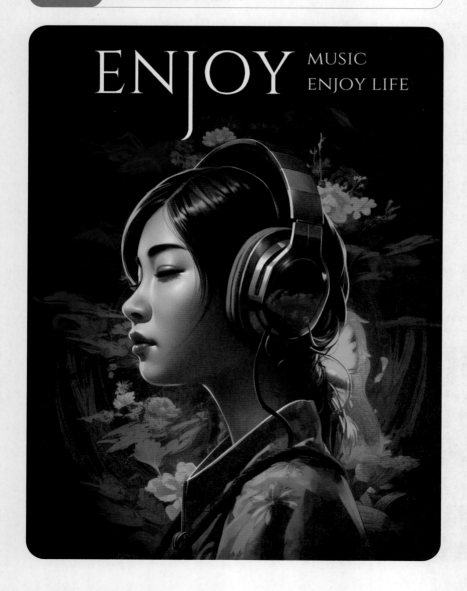

/imagine `prompt` 神奇咒语

● 本案例采用提示词方式生成，案例类似效果可通过生成一个效果后经过多次刷新获得。

神奇咒语原文

a beautiful Asian girl is listening to relaxing music with her headphones , cyberpunk,

intricate details, vibrant, negative space, highly detailed, 8k wallpaper

● 主体描述　● 艺术风格

中文含义

一个美丽的亚洲女孩戴着耳机听轻松的音乐，赛博朋克风格，复杂的细节，充满活力的，负空间，非常详细，8k 壁纸

尾部参数

--ar 3：4 --v 5

神奇咒语 +

还可以将神奇咒语中的主体提示词 beautiful Asian girl 改为 cool Asian boy 等，这样可以得到不同主角形象的图像。

插画设计：艺术插画

应用场景	旅游行业创意海报

设计风格	手绘风格插画

/imagine **prompt** 神奇咒语

● 本案例采用提示词方式生成，案例类似效果可通过生成一个效果后经过多次刷新获得。

神奇咒语原文

a Asian girl in a bathing suit with a diving mask on her face swims underwater,

surrounded by few fishes, shiny, eye-catching, with fishes, vibrant illustration style,

realistic and ultra-detailed rendering, storybook illustration, bright color palette, rim

lighting

● 主体描述　　● 背景环境　　● 艺术风格

中文含义

一个穿着泳衣戴着潜水镜的亚洲女孩在水下游泳，周围有几条鱼，闪闪发光，引人注目，有鱼，充满活力的插图风格，逼真且超详细的渲染，故事书插图，明亮的调色板，边缘灯光

尾部参数

--ar 3：4 --v 5

插画设计：艺术插画

| 应用场景 | 中国传统文化背景下的产品宣传海报 |

| 设计风格 | 手绘风格插画 |

/imagine **prompt** 神奇咒语

● 本案例采用提示词方式生成，案例类似效果可通过生成一个效果后经过多次刷新获得。

神奇咒语原文

two girls in Hanfu are dancing on the screen, style colorful animation stills, two -
dimensional game art, green, Tanya Shatseva, high angle, August Macke, hand -
painted animation

● 主体描述　● 艺术风格

中文含义

两个身着汉服的女孩在屏幕上翩翩起舞，风格绚丽的动漫剧照，二次元游戏美术，绿色，Tanya
Shatseva 风格，高角度，August Macke（奥古斯特·马克）风格，手绘动画

尾部参数

--ar 3：4 --v 5

插画设计：艺术插画

应用场景	装饰画

设计风格	中国水墨山水画

/imagine `prompt` 神奇咒语

● 本案例采用提示词方式生成，案例类似效果可通过生成一个效果后经过多次刷新获得。

神奇咒语原文

lotus pond ,Chinese ink painting ,Daqian Zhang ,large blank space, beige background,

soft colors

● 主体描述　● 艺术风格

中文含义

荷花池，中国水墨画，张大千风格，留白，米黄色背景，柔和的色彩

尾部参数

--ar 3 : 4 --v 5

神奇咒语 +

还可以将神奇咒语中的主体提示词 lotus pond（荷花池） 改为 bamboo forest（竹林）、plum blossom（梅花）、pine tree（松树）等，这样可以得到不同主体的图像。

插画设计：国潮插画

应用场景	国潮饮品宣传海报

设计风格	矢量风格插画

/imagine **prompt** 神奇咒语

• 本案例采用提示词方式生成，案例类似效果可通过生成一个效果后经过多次刷新获得。

神奇咒语原文

girl in Hanfu, big eyes, sunglasses, beautiful drawing style cartoon china, milk tea illustration, aesthetic, minimalistic, simple, neon pastel colours,The Dream of the Red Chamber, Miyazaki Hayao, cloud pattern, flying apsaras in Dunhuang

● 主体描述　● 艺术风格

中文含义

汉服女孩，大眼睛，太阳镜，美丽的绘画风格的卡通瓷器，奶茶插图，唯美，简约，简单，霓虹柔和的色彩，《红楼梦》风格，宫崎骏风格，云纹，敦煌飞天

尾部参数

--ar 3：4 --niji 5

插画设计：动漫插画

应用场景	卡通动漫人物与场景设计

设计风格	二次元插画

/imagine `prompt` 神奇咒语

● 本案例采用提示词方式生成，案例类似效果可通过生成一个效果后经过多次刷新获得。

神奇咒语原文

sunny handsome gril, brown eyes, long white hair, smiling face, tanned skin, in the background are two huge Chinese dancing lion ,fantastic background, inspired by Bauhaus and Mika Pikazo, high contrast ratio, HDR, body shot

● 主体描述　　● 背景环境　　● 艺术风格

中文含义

阳光帅气的女孩，棕色的眼睛，长长的白发，微笑的脸，晒黑的皮肤，背景是两只巨大的中国舞狮，梦幻般的背景，Bauhaus 和 Mika Pikazo 风格，高对比度，高动态范围成像，全景

尾部参数

--ar 3 ：4 --niji 5

神奇咒语 +

还可以将神奇咒语中的主体关键词 gril（女孩）改为 boy（男孩），将背景环境关键词 Chinese dancing lion（中国舞狮）改成 tiger（老虎）、dragon（龙）等，这样可以得到其他主体和环境的图像。

界面交互设计：游戏设计

| 应用场景 | 游戏主题图标 |

| 设计风格 | 手绘图标 |

/imagine `prompt` 神奇咒语

- 本案例采用提示词方式生成，案例类似效果可通过生成一个效果后经过多次刷新获得。

神奇咒语原文

icon, game style, unique, knolling, semi-transparent material, cartoon style, with increased highlights and reflection effects, studio light, glossy texture, luxurious feel, ultra detail, OC rendering, abstract, Blender, 3D, best quality, 8k.

● 主体描述　● 艺术风格

中文含义

图标，游戏风格，独特，knolling（一种直观、对称的排列形式），半透明材料，卡通风格，增加高光和反射效果，工作室灯，光泽纹理，豪华感，超高细节，OC 渲染，抽象，Blender 软件工具，3D，最佳质量，8k

尾部参数

--ar 1：1 --v 5

界面交互设计：UI/UX 设计

应用场景　B 端场景 UI 图标

设计风格　3D 拟物化设计

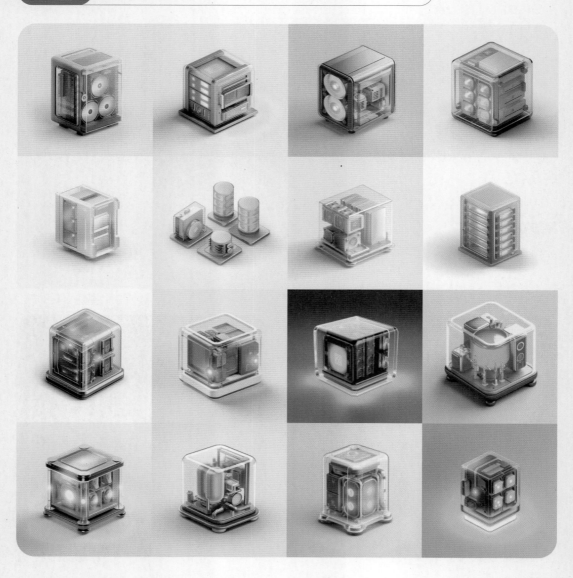

/imagine **prompt** 神奇咒语

* 本案例采用提示词方式生成，案例类似效果可通过生成一个效果后经过多次刷新获得。

神奇咒语原文

data, computer, server, accessories, mold icon, blue, glass, transparent, UI design, isometric, front view,white background with simple light detail, studio lighting, 3D, C4D, OC rendering, Pinterest, Dribbble, Behance, high detail, 8k

● 主体描述   ● 背景环境   ● 艺术风格

中文含义

数据，计算机，服务器，配件，模具图标，蓝色，玻璃，透明，UI 设计，等距，前视图，白色背景与简单的灯光细节，工作室照明，3D，C4D，OC 渲染，Pinterest 平台，Dribbble 平台，Behance 平台，高细节度，8k

尾部参数

--ar 1：1 --v 5

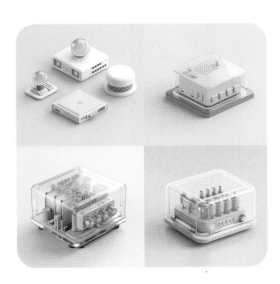

界面交互设计 :UI/UX 设计

| 应用场景 | UI 设计的概念与风格设计探索 |

| 设计风格 | UI/UX 设计 |

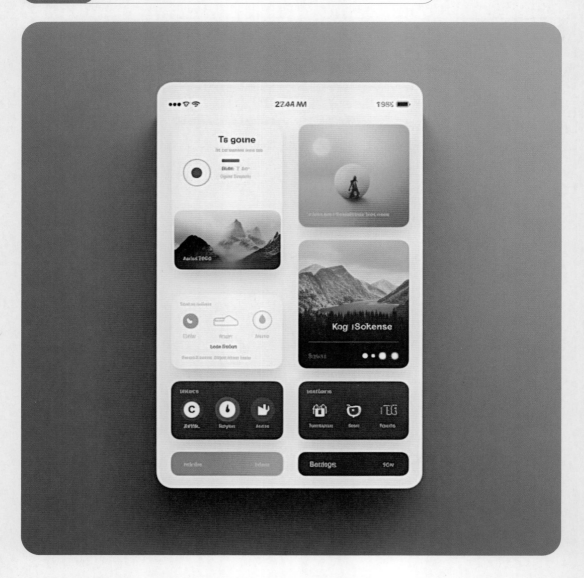

/imagine **prompt** 神奇咒语

• 本案例采用提示词方式生成，案例类似效果可通过生成一个效果后经过多次刷新获得。

神奇咒语原文

App,knolling, clear, minimalistic project webpage for list of users UX, UI UX/ UI

● 主体描述　　● 艺术风格

中文含义

应用程序 , knolling, 清晰 , UX、UI、UX/ UI 极简项目的用户列表

尾部参数

--ar 1 ： 1 --v 5.1

目前的 Midjourney，生成的 UI 设计图并不能表现出具体的细节内容，但是可以为排版和色彩搭配提供参考，具体涉及的交互、设计规范和组件构成，还是需要设计师通过专业的 UI 设计软件进行再次设计，推荐的专业软件有即时设计、Figma、Sketch 等。

工业设计：产品设计

应用场景	电子产品拆解图，适合电子产品概念海报设计

设计风格	实物摄影

/imagine `prompt` 神奇咒语

- 本案例采用提示词方式生成，案例类似效果可通过生成一个效果后经过多次刷新获得

神奇咒语原文

Canon photocamera,costumes and props, knolling, knolling layout, deconstruction, highly detailed, depth, many parts, lumen rendering, 8k

---

● 主体描述　　● 艺术风格

中文含义

佳能相机，服装和道具，knolling，knolling 布局，解构，高度详细，深度，许多零件，流明渲染，8k

尾部参数

--ar 3 : 4 --v 5

神奇咒语 +

还可以将神奇咒语中的主体关键词 Canon photocamera（佳能相机）改为 iPhone（苹果手机）等，这样可以得到其他主体的图像。

工业设计：产品设计

应用场景	瓶装产品设计与宣传海报设计

设计风格	3D 渲染

/imagine `prompt` 神奇咒语

● 本案例采用提示词方式生成，案例类似效果可通过生成一个效果后经过多次刷新获得。

神奇咒语原文

minimal modern product display can use for montage your products, neutral pastel color background, empty set podium, 3D, OC rendering, natural light, monstera leaf show, cosmetic

● 主体描述   ● 艺术风格

中文含义

最小的现代产品展示可将您的产品以蒙太奇手法展现，中性柔和色彩背景，空置的台面，3D，OC 渲染，自然光，龟背竹叶展示，化妆品

尾部参数

--ar 3 ： 4 --v 5.1

工业设计：产品设计

应用场景	手机壳图案设计

设计风格	Keith Haring（凯斯·哈林）涂鸦风格

/imagine `prompt` 神奇咒语

● 本案例采用提示词方式生成，案例类似效果可通过生成一个效果后经过多次刷新获得。

神奇咒语原文

phone case, the background image is in the style of Keith Haring, playful ornate design, calm symmetry, dance, simplified lines, clever lighting, playful and ironic, white and black

---

● 主体描述　● 艺术风格

中文含义

手机壳，背景图为凯斯·哈林风格，俏皮华丽设计，沉稳对称，舞动，简化线条，灵动灯光，俏皮讽刺，黑白相间

尾部参数

--ar 3：4 --v 5.1

工业设计：产品设计

应用场景	新中式家具产品设计

设计风格	实景渲染

/imagine **prompt** 神奇咒语

● 本案例采用提示词方式生成，案例类似效果可通过生成一个效果后经过多次刷新获得。

神奇咒语原文

ancient China, furniture design, Chinese style, minimalist design, Chinese Ming Dynasty, product design, wood, creative, practical, simple, white background, Blender, 8k, HD

● 主体描述　● 艺术风格

中文含义

中国古代，家具设计，中式风格，简约设计，中国明代，产品设计，木材，创意，实用，简单，白色背景，Blender 软件工具，8k，高清

尾部参数

--ar 3：4 --v 5.1

工业设计：产品设计

应用场景	北欧家具类产品设计

设计风格	极简设计

/imagine **prompt** 神奇咒语

- 本案例采用提示词方式生成，案例类似效果可通过生成一个效果后经过多次刷新获得。

神奇咒语原文

furniture design, Nordic style, minimalist design, IKEA style , product design, wood, cute, creative, practical, simple, white background, Blender, 8k, HD

● 主体描述　● 艺术风格

中文含义

家具设计，北欧风格，极简设计，宜家风格，产品设计，木材，可爱，创意，实用，简单，白色背景，Blender 软件工具，8k，高清

尾部参数

--ar 3 ：4 --v 5

工业设计：产品设计

应用场景 工业产品原理概念提案展示图

设计风格 工业产品

/imagine **prompt** 神奇咒语

● 本案例采用提示词方式生成，案例类似效果可通过生成一个效果后经过多次刷新获得。

神奇咒语原文
iPhone 14,schematic diagram

● 主体描述　● 艺术风格

中文含义
iPhone 14，原理图

尾部参数
--ar 16：9 --v 4

神奇咒语 +
可将主体提示词 iPhone 14 进行替换，比如换成 Nintendo Switch，可以得到该设备的相关图形，这里生成的原图形只作为视觉参考，不具备工业结构参考价值。

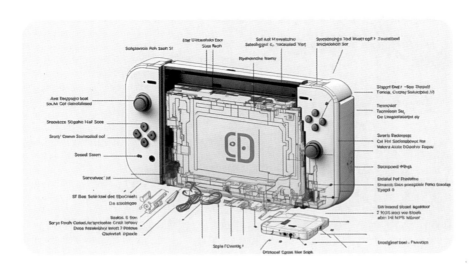

空间设计：建筑设计

应用场景	别墅建筑概念设计

设计风格	实景渲染

/imagine **prompt** 神奇咒语

● 本案例采用提示词方式生成，案例类似效果可通过生成一个效果后经过多次刷新获得。

神奇咒语原文

modern house sits on top of rocks with views of the ocean, in the style of Vray tracing, hallyu, light, foreboding landscapes, postmodernist, sculpted, strong contrasts, light gray and black

● 主体描述　● 艺术风格

中文含义

现代房屋坐落在岩石之上，可欣赏海景，Vray 追踪风格，韩流，光线，预感景观，后现代主义，雕刻，强烈对比，浅灰色和黑色

尾部参数

--ar 3 : 4 --v 5

空间设计：建筑设计

应用场景	建筑设计概念图纸

设计风格	复古插画

/imagine `prompt` 神奇咒语

● 本案例采用提示词方式生成，案例类似效果可通过生成一个效果后经过多次刷新获得。

神奇咒语原文

China ancient architectural drawings, mortise and tenon wood structure, no letters, palace, size

● 主体描述　● 背景环境　● 艺术风格

中文含义

中国古建筑图纸，榫卯木结构，无字母，宫殿，尺寸

尾部参数

--ar 3：4 --v 5

空间设计：商业空间

应用场景	商业空间设计
设计风格	实景渲染

/imagine **prompt** 神奇咒语

● 本案例采用提示词方式生成，案例类似效果可通过生成一个效果后经过多次刷新获得。

神奇咒语原文

an early 20th century cafe in a modern building, in the style of warm color palette,

nature-inspired imagery, rendered in C4D, Nora Heysen, high quality photo, wood, lush

and detailed

● 主体描述 ● 艺术风格

中文含义

现代建筑中的 20 世纪早期咖啡馆，采用暖色调风格，可联想到大自然的图像，C4D，Nora Heysen（诺拉·黑森）风格，高质量照片，木材，郁郁葱葱且细节丰富

尾部参数

--ar 3：4 --v 5

艺术摄影 : 数字后期合成

应用场景	各种自然环境下的汽车摄影探索与提案

设计风格	商业摄影

/imagine **prompt** 神奇咒语

- 本案例采用提示词方式生成，案例类似效果可通过生成一个效果后经过多次刷新获得。

神奇咒语原文

Tesla, city, photos taken by ARRI, photos taken by Sony, photos taken by Canon, super detailed, details, professional lighting, photography lighting, Lightroom Web gallery,Behance photographys,Unsplash,16k, cinematic shot

● 主体描述　　● 背景环境　　● 艺术风格

中文含义

特斯拉，城市，ARRI 拍摄的照片，索尼拍摄的照片，佳能拍摄的照片，超级详细，细节，专业照明，摄影照明，Lightroom(一个图形工具软件) 网络画廊，Behance（一个设计社区）摄影，Unsplash（一个图像素材网站），16k，电影拍摄

尾部参数

--ar 3 ：4 --v 5

神奇咒语 +

还可以将神奇咒语中的主体关键词 Tesla（特斯拉）改为 Land Rover（路虎），将环境关键词 city（城市）改成 desert（沙漠），这样可以得到其他主体和环境的图像。

艺术摄影：人像摄影

应用场景	电商服装展示 / 摄影样片场景展示

设计风格	实景拍摄

/imagine `prompt` 神奇咒语

- 本案例采用提示词方式生成，案例类似效果可通过生成一个效果后经过多次刷新获得。

神奇咒语原文

a beautiful Chinese girl is walking on the streets of Paris with a big smile, wear denim shorts, summer, movie stills, bright, soft lights, extremely detailed, hyper quality, extremely detailed eyes and face, extremely delicate and beautiful, realistic, 8k

● 主体描述　　● 背景环境　　● 艺术风格

中文含义

一个美丽的中国女孩走在巴黎街头，笑容灿烂，穿着牛仔短裤，夏天，电影剧照，明亮，柔光，极其细致，超优质，极其细致的眼睛和脸部，极其精致美丽，逼真，8k

尾部参数

--ar 3：4 --v 5.1

神奇咒语＋

可以将提示词中的穿搭进行替换，如将 denim shorts（牛仔短裤）改为 shirt（衬衫），将背景地点关键词 Paris（巴黎）改成 Shanghai（上海），就可以得到不同环境和穿搭的主角。

附录 Midjourney 提示词大全

一、镜头提示词

提示词	中文释义	说明
Detail Shot (ECU)	大特写	非常近，看到更多细部
Face Shot (VCU)	面部特写	从额头中间到下巴的面部
Big Close-Up (BCU)	头部以上	整个头部，包含脸部
Close-Up (CU)	颈部以上	整个头部，包含局部
Waist Shot (WS)	腰部以上	头部到腰部以上的上半身
Knee Shot (KS)	膝盖以上	头部到膝盖以上
Full Length Shot (FLS)	全身	全身
Long Shot (LS)	远景，人占3/4	整个人约占画面的3/4
Extra Long Shot (ELS)	超远景	人在远方
Medium Close-Up (MCU)	近景（中特写）	主体占画面 1/4 左右
Medium Shot (MS)	中景	主体占画面 1/2 左右
Medium Long Shot (MLS)	全景	主体的全部显示

提示词	中文释义
Top View	顶视角
Tilt-shift View	移轴视角
Satellite View	仰视视角
Bottom View	底部视角
Front, Side, Rear View	前／侧／后视角
Close-up View	特写视角
Outer Space View	太空视角
First-person View	第一人称视角
Isometric View	等距视角
Close-up	特写视角
High Angle View	高角度视图
Microscopic View	微视视角
Super Side Angle	超侧视角
Aerial View	鸟瞰视角
Three Views,(Front View, Side View, Back View)	三视角（前视角、侧视角、后视角）
Multiple Views	多视角

二、朋克风格提示词

提示词	中文释义	提示词	中文释义
Cyberpunk	赛博朋克	Rococopunk	洛可可朋克
Biopunk	生物朋克（或生化朋克）	Stonepunk	石朋克
Steampunk	蒸汽朋克	Mythpunk	神话朋克
Clockpunk	时钟朋克（或发条朋克）	Raypunk	雷朋克
Dieselpunk	柴油朋克	Nowpunk	现代朋克
Decopunk	装饰朋克	Postcyberpunk	后赛博朋克
Coalpunk	煤朋克	Solarpunk	太阳朋克
Atompunk	原子朋克	Lunarpunk	月球朋克
Steelpunk	钢朋克	Elfpunk	精灵朋克
Islandpunk	岛朋克	Wastelandpunk	废土朋克
Oceanpunk	海洋朋克	Neonpunk	霓虹朋克

三、绘画风格提示词

提示词	中文释义	提示词	中文释义
Ink Style	水墨风格	Studio Ghibli	宫崎骏风格
Sketch	素描风格	Landscape	山水画
Trending On Pixiv Concept Art	概念艺术	Trending On Artsation	Artsation 站趋势风格
Ukiyoe	浮世绘	Surrealism	超现实主义风格
Watercolor Painting	水彩画	Oil Painting	油画风格
Subconsciousness	潜意识风格	Original	写实风格
Black And White	黑白风格	Post-impressionism	后印象主义风格
Neo-realism	新现实主义风格	Digitally Engraved	数字雕刻风格
Washpainting	水墨风格	Architectural Design	建筑设计风格
Genesis	创世纪风格	Poster Style	海报风格
Texture	纹理 / 肌理风	Behance Style	Behance 趋势风格
Chinese Traditional Painting	国画风格		

四、建筑师提示词

提示词	中文释义	说明
Peter Zumthor	彼得·卒姆托	圣本笃教堂
Toyo Ito	伊东丰雄	台中歌剧院
Tadao Ando	安藤忠雄	清水模教堂
Shigeru Ban	坂茂	神户纸教堂
Ieoh Ming Pei	贝聿铭	卢浮宫
Antonio Gaudi	安东尼奥·高迪	盖不完的那个教堂
Le Corbusier	勒·柯布西耶	朗香教堂
Jorn Utzon	约恩·乌松	悉尼歌剧院
Alvar Aalto	阿尔瓦尔·阿尔托	阿尔瓦尔·阿尔托的家
Santiago Calatrava	圣地亚哥·卡拉特拉瓦	2004 年雅典奥运会主场馆
Zaha Hadid	扎哈·哈迪德	曲线柔美
Renzo Piano	伦佐·皮亚诺	庞毕度艺术中心
Norman Foster	诺曼·福斯特	那个让人遐想的香港汇丰总部大楼
Vincent Callebaut	文森特·卡勒博	梦幻"蜻蜓"

五、工业设计师提示词

提示词	中文释义	说明
Jonathan Ive	乔纳森·艾夫	苹果公司前高级副总裁，设计了 iMac、iPod、iPhone 等多个知名产品
Marc Newson	马克·纽森	澳大利亚设计师，曾与苹果公司和路易威登等品牌合作，设计了多个具有划时代意义的产品
Karim Rashid	卡里姆·拉希德	埃及裔加拿大设计师，作品风格以流线型、多彩、未来感为特点
Dieter Rams	迪特尔·拉姆斯	德国工业设计师，曾任德国家电公司百灵公司设计主管，影响了整个工业设计行业
Philippe Starck	菲利普·斯塔克	法国设计师，作品涵盖建筑、家具、产品等领域，设计思路独特、富有幽默感
Naoto Fukasawa	深泽直人	日本设计师，设计风格简洁明了，注重细节，作品包括家电、家具等
Yves Behar	伊夫·贝哈尔	瑞士设计师，注重设计与社会责任的结合，作品涉及智能家居、健康等领域
Ross Lovegrove	罗斯·洛夫格罗夫	英国设计师，作品风格以流线型、有机形态为特点，设计了多个标志性的产品
Jasper Morrison	贾斯珀·莫里森	英国设计师，作品注重简洁、实用性与美感的平衡，设计了多款家具和灯具
Patricia Urquiola	帕特里夏·奥奇拉	西班牙设计师，擅长运用不同材料进行创新设计，作品涉及家具、灯具、家居等领域

六、摄影师提示词

提示词	中文释义	说明
Platon	普拉东	俄罗斯肖像摄影师，曾为多个知名杂志、机构和政要拍摄肖像
Annie Leibovitz	安妮·莱博维茨	美国著名的肖像摄影师，曾为《滚石》《茱莉亚》等杂志拍摄过众多名人肖像
Mario Testino	马里奥·特斯蒂诺	秘鲁出生的肖像摄影师，曾为《VOGUE》《GQ》等杂志拍摄过众多明星和名人肖像
Steven Meisel	史蒂文·迈泽尔	美国著名的时尚摄影师，曾为《VOGUE》《W》等杂志拍摄过许多时尚肖像
Rankin	兰金	英国著名的肖像摄影师，曾为《Dazed & Confused》《Harper's BAZAAR》等杂志拍摄过众多明星和名人肖像
Martin Schoeller	马丁·舍勒	德国出生的肖像摄影师，以极其接近镜头和细节表现力见长
Cindy Sherman	辛迪·舍曼	美国著名的肖像摄影师，自己也是自我肖像的拍摄者，作品探讨了性别、身份、消费等话题
Tim Walker	蒂姆·沃克	英国著名的时尚摄影师，作品风格浪漫、梦幻、诗意，曾为《VOGUE》《W》等杂志拍摄过众多时尚肖像
Albert Watson	艾伯特·沃森	苏格兰摄影师，以精致的构图和表现力见长，曾为许多明星和杂志拍摄肖像

七、光线提示词

提示词	中文释义	提示词	中文释义
Volumetric Lighting	体积光	Back Lighting	背光
Bright	气氛光，明亮光	Clean Background Trending	斜逆光
Soft Light	柔光	Volume Light	体积光，从窗外投射进来的高对比光
Rays Of Shimmering Light	闪烁的光线	Rim Lights	边缘光
Bioluminescence	云隙光，海里点点荧光	Global Illuminations	全局光
Bisexual Lighting	气氛光，明显暗角，类似大光圈	Warming Lighting	暖光
Rembrandt Lighting	人物的45°侧光	Theater Lighting	戏剧灯光
Split Lighting	高对比的侧面光	Natural Lighting	自然光
Front Lighting	正面光	Tyndall Light	丁达尔光线，太阳从云里照出来的光

八、图形画面提示词

提示词	中文释义	提示词	中文释义
More Details	增加图像精致细节	Octane Renderer，OC	Octane 渲染器
Ultra Detail	高细节度	Maxon Cinema 4D，C4D	3D 设计工具
Hyper Quality	高质量	Blender	3D 设计工具
High Resolution	高分辨率	Corona Render	真实感
4k Resolution	提升画面分辨率	V-Ray	渲染器
FHD,1080p,2k,4k,8k	全高清，提升画面分辨率	Engineering Drawing	工程分解图
8k Smooth	提高画面质量并柔和边缘	3D Charactrer	3D 卡通人物
Rendering	渲染	Disney	迪士尼风格
Unreal Engine	虚幻引擎	Pixar	皮克斯风格